Wolfgang Möhring

Antibiotika
aus der Natur

Antibiotisch wirksame Stoffe aus Anis, Lavendel, Senf,
Zwiebel & Co. zur Vorbeugung und Behandlung von Krankheiten.
Anwendungen pur und als Tees, Tinkturen und Aromaöle

LUDWIG

Inhalt

Die Zitrone ist ein sehr wirksames natürliches Antibiotikum.

Die sanften Keimkiller   4

Antibiotika und wie sie wirken   6

Wie Resistenzen entstehen   6

Wie die Keimabwehr funktioniert   7

Wichtige Fachbegriffe   9

Die Alternativen der Naturmedizin   10

Die Wirkweise von Heilpflanzen   10

Die Dosis entscheidet   12

Antibiotische Kraft in Kräutern und Gewürzen   16

Ätherische Öle   16

Die Wirkung auf den Körper   20

Andere pflanzliche Antibiotika   23

Die Möglichkeiten der Anwendung   24

Die Verfahren der Teezubereitung   25

Die Anwendung ätherischer Öle   26

Heilpflanzen kennen und richtig einsetzen   30

Die Alleskönner – zehn Steckbriefe   30

Pflanzliche Heilmittel sind auch gut für Kinder geeignet.

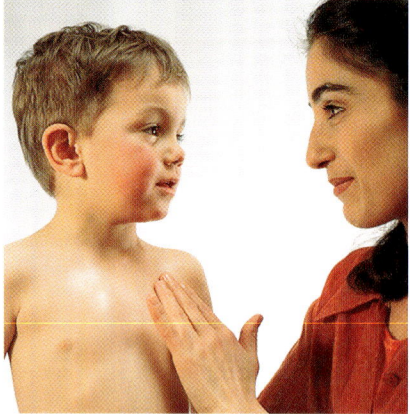

Heilpflanzen mit
ätherischen Ölen   44

Heilpflanzen mit
anderen Wirkstoffen   47

**Vorbeugen und
heilen von A bis Z**   48

Hier helfen pflanzliche
Antibiotika   48

Abszess   48

Abwehrschwäche   50

Akne   52

Angina   53

Aphthen   55

Bindehautentzündung   56

Blasenentzündung   57

Bronchitis   58

Durchfall   63

Erkältung   67

Fieber   70

Fußpilz   71

Gastritis   72

Gerstenkorn   73

Grippe   74

Gürtelrose   75

Hautentzündung   76

Hämorrhoidalleiden   77

Heiserkeit   78

Die große Naturapotheke hat ein
sehr breites Wirkungsspektrum.

Herpes   80

Insektenstiche   81

Juckreiz   81

*Mundschleimhaut-
entzündung*   82

Nebenhöhlenentzündung   83

Ohrenentzündung   85

Pilze   86

Scheidenentzündung   87

Schnupfen   88

Venenentzündung   90

Wunden   91

Zahnfleischentzündung   93

Zahnschmerzen   94

Über dieses Buch   95

Register   96

Die sanften Keimkiller

Der Verbrauch synthetischer Antibiotika steigt nach wie vor stetig: In den Kliniken der alten Bundesländer tat er das von 1986 bis 1995 um 28 Prozent, in den ambulanten Praxen im gleichen Zeitraum um knapp 60 Prozent. Das liegt daran, dass Antibiotika in vielen Fällen verführerisch schnell und gut wirken und daher oftmals als Allheilmittel eingesetzt werden.

Chemische Antibiotika sollten aber nur dann verwendet werden, wenn dies unvermeidlich ist. Dann haben sie auch den ihnen gebührenden Stellenwert als Notfallmedikament und dienen nicht nahezu als Allheilmittel.

Auch schulmedizinische Standardnachschlagewerke wie der bekannte »Pschyrembel« weisen darauf hin, dass die Gabe von Antibiotika bei den meisten Infektionen nicht angezeigt ist. Fieber allein ist ebenfalls keine Indikation für die Gabe von Antibiotika.

Die Wunderwaffe birgt Risiken

Um den Antibiotikaverbrauch einzuschränken, ist allerdings auch die Mitarbeit der Patienten gefragt. Sie müssen weg von der Einstellung: »Was nehme ich, damit alles so schnell wie möglich weggeht?« Effektiver wäre die Einstellung: »Was gibt es, um meinen Heilungsprozess auf die bestmögliche Weise zu fördern?«

Das große Umdenken hat aber inzwischen begonnen. Man vertraut nicht mehr blind auf die Wirkungen synthetischer Antibiotika, sondern ist sich ihrer Nebenwirkungen bewusster geworden. Auf der Suche nach einem möglichen Ersatz erinnert man sich zunehmend wieder der Behandlung mit Heilpflanzen und anderer Naturheilverfahren. Die Apotheke Mutter Natur hält eine Fülle von Heilpflanzen bereit, die geeignet sind, Beschwerden zu lindern und zu heilen.

Optimal ist natürlich, wenn man gar nicht erst krank wird, wenn wir uns körperlich und seelisch so im Gleichgewicht befinden, dass unser Körper von selbst mit den krank machenden Mikroben fertig wird. Eine gesunde Ernährung mit ausreichend Obst, Gemüse, Vitaminen und Mineralien, eine Verringerung der Umweltbelastung und eine positive Lebenseinstellung sind hierbei wichtig.

Alternativen aus dem Pflanzenreich

Kommt es dann doch zu einer Infektion, gibt es eine ganze Reihe wirksamer, aber nebenwirkungsarmer Heilpflanzen mit entzündungswidrigen und bakterienbekämpfenden Kräften, so genannte pflanzliche Antibiotika. Weiß man um die richtige Anwendung und Dosierung dieser Pflanzen, können sie helfen, einfache Beschwerden zu lindern, so dass man gar nicht erst zu einer chemischen Keule greifen muss. Einige dieser Pflanzen wirken selbst antibakteriell oder antiviral, andere stimulieren das Abwehrsystem, damit es seine Arbeit effektiver durchführt. Knoblauch und Sonnenhut sind zwei so bekannte wie wichtige Vertreter dieser Gattung. In diesem Buch finden Sie eine große Zahl bewährter Rezepte mit antibiotisch wirksamen Pflanzen zur Linderung einfacher Beschwerden.

Gewarnt werden muss vor einem leichtfertigen Gebrauch der aufgeführten Pflanzen und Heilmittel. Sowohl bei den mild wirksamen Heilpflanzen als auch bei den stärker wirkenden ätherischen Ölen handelt es sich um Arzneimittel, die bei unsachgemäßer Anwendung zuweilen auch ernste Nebenwirkungen haben können. Suchen Sie daher immer rechtzeitig einen Arzt oder Heilpraktiker auf.

Mit Infektionen und Entzündungen ist nicht zu spaßen, auch wenn man häufiger als geglaubt auf synthetische Antibiotika verzichten kann. Bei falscher Selbstbehandlung sind ernste Verschlimmerungen, Komplikationen oder Zweitinfektionen zu befürchten.

Infektionen mit Heilpflanzen zu bekämpfen, z. B. mit Zwiebeln oder Knoblauch, ist eine sanfte und natürliche Methode, um den Körper zu stärken.

Synthetische Antibiotika bergen viele Risiken.

Antibiotika und wie sie wirken

Die Entdeckung des Penizillins 1928 leitete eine der größten Veränderungen in der Geschichte der Medizin ein. Die Wirksamkeit des Penizillins und der darauf folgend entwickelten chemischen Antibiotika überzeugte die Medizinwelt vollkommen davon, dass ansteckende Krankheiten eines Tages ausgerottet werden könnten.

Antibiotika, das sind die Stoffwechselprodukte bestimmter Schimmelpilze und deren synthetische Abkömmlinge. Sie halfen, auch weltweit verbreitete Seuchen wie die Tuberkulose lange Zeit fast bedeutungslos zu machen. Als nahezu unfehlbar betrachtete man ihre präzise Wirksamkeit auf bakterielle Eindringlinge.

Wie Resistenzen entstehen

Wie alle Lebewesen passen sich auch Mikroben an veränderte Lebensverhältnisse an. Nur dass sie das zu unserem Schaden in rasanter Geschwindigkeit können. Die Erreger der echten Virusgrippe z. B. wandeln sich so schnell, dass immer wieder neue Varianten auftreten, die gegen den Impfstoff immun sind.

Heute stehen die synthetischen Antibiotika mehr und mehr in der Schusslinie. Zu lange wurde mit ihnen allzu großzügig umgegangen. Sie wurden oft schon bei kleinen Wehwehchen verschrieben, anstatt sie als das hilfreiche und wirksame Notfallmedikament bei schweren Infektionen einzusetzen, das sie sind.

Dies und der immense Antibiotikaeinsatz in der Tierzucht sind wichtige Gründe dafür, warum sich verschiedene bösartige Erreger genetisch verändern und resistent werden gegen die verschiedensten antibiotischen Medikamente. Manche Forscher befürchten schon, dass in absehbarer Zeit wieder Seuchen entstehen könnten, wie sie vor der Entdeckung der Antibiotika so gefürchtet waren.

Dass sich Bakterien an die durch Antibiotika veränderten Lebensbedingungen anpassten, mag nicht verwundern, wenn man sich vor Augen hält, dass sie unendlich viel Zeit dazu hatten: Bakterien sind sehr viel einfacher strukturiert als ein menschlicher Organismus, so dass alle 20 Minuten eine neue Generation entsteht. Seit der Einführung der Antibiotika ist ein Bakterium der damaligen Zeit mit einem von heute so verwandt wie ein Dryopithecus, unser vor 30 Millionen Jahren lebender Vorfahr, mit dem Menschen von heute.

Missbrauch durch unnötige Verschreibungen

In einer amerikanischen Untersuchung aus dem Jahr 1995 wurde festgestellt, dass etwa die Hälfte der 110 Millionen Verschreibungen für Antibiotika eventuell ungeeignet für die zu behandelnde Krankheit waren. Es ist Zeit, diese überreichliche Verwendung von Antibiotika einzuschränken. Auf diese Weise werden auch weniger Bakterien resistent werden, wodurch sich die Wahrscheinlichkeit erhöht, dass Antibiotika dann wirken, wenn wir sie brauchen. Sie bleiben so als wertvolles Notfallmedikament erhalten.

Wie die Keimabwehr funktioniert

Antibiotika wirken auf unterschiedliche Weise: Eine große Gruppe verhindert die Verdopplung der Bakteriengene und die Bildung der Zellproteine. Viele die Eiweißbildung hemmende Antibiotika können nicht 100-prozentig zwischen bakteriellen und menschlichen Zellen unterscheiden, so dass bei dieser Gruppe die meisten Nebenwirkungen auftreten. Das früher häufig eingesetzte Streptomyzin wird beispielsweise heute kaum mehr verordnet, da es in verschiedenen Fällen zu bleibenden Hörschäden kam. Andere Antibiotika greifen die Bakterienenzyme an (Sulfonamide).

Die am besten erforschten Antibiotika wirken dagegen durch die Zerstörung der Zellwandstruktur. Penizillin zählt zu dieser Gruppe, die – abgesehen von selten auftretenden Allergien gegen die Inhaltsstoffe – am besten verträglich ist. Und so wirkt das wohl bekannteste Antibiotikum: Penizillin hemmt die Enzyme, die die Bakterien benötigen, um Querverbindungen zwischen den Zellwandproteinen aufzubauen. Die Bakterien werden instabil und lösen sich auf.

Leider führt der hochwirksame »Rundumschlag« von Antibiotika in unserem Körper auch zu unerwünschten Ergebnissen. Hefepilzwucherung im Darm oder der Vagina sind bekannte Nebenwirkungen bei übermäßiger Verwendung von Antibiotika.

Nebenwirkungen synthetischer Antibiotika

Man ist sich heute der verschiedenen möglichen Nebenwirkungen synthetischer Antibiotika bewusster geworden. Ein bereits genannter besonders wichtiger Punkt ist die Entstehung von Resistenzen. Dieses Problem hat bereits ein solches Ausmaß erreicht, dass es Gegenstand zahlreicher wissenschaftlicher Veröffentlichungen ist. Aber auch andere Komplikationen können auftreten.

Unterdrückung des Immunsystems

In einigen Fällen behindern Antibiotika direkt die Immunantwort unseres Körpers, indem sie die Antikörperreaktion und Tätigkeit der weißen Blutkörperchen verlangsamen.

Vernichtung nützlicher Bakterien

Der menschliche Körper beherbergt Millionen von Bakterien. Allein im Mund-Nasen-Rachen-Raum sind es geschätzte 50 Milliarden, die als unsere »Bundesgenossen« mit uns zusammenleben. Dieses fein abgestimmte Ökosystem schützt uns gegen Infektionen durch Bakterien, Viren oder Pilze. Die Gabe besonders von Breitbandantibiotika zerstört dieses Ökosystem und macht uns anfälliger für Infektionen. Es kommt dann zu einer chronischen Abwehrschwäche mit einer Anfälligkeit für Infekte durch Bakterien, Viren oder Pilze.

Nährstoffverluste

Antibiotika können dazu beitragen, dass Nährstoffe im Darm nicht ausreichend absorbiert werden können. Speziell betrifft dies die B-Vitamine, Vitamin A, Zink und Magnesium. Verursachen Antibiotika Durchfall, kann dieser Verlust sehr groß sein.

Allergien und organische Komplikationen

Antibiotika können zur Enstehung von Lebensmittelunverträglichkeiten führen. Gelegentlich, allerdings selten, treten auch schwere Nebenwirkungen auf wie Leukämie, Nierenversagen und heftige, mit Schockreaktionen einhergehende Allergien.

Millionen von Darmbakterien haben neben Hilfsfunktionen bei der Verdauungs- und Stoffwechseltätigkeit wesentliche Aufgaben in unserem Abwehrsystem. Gemeinsam mit einem spezifischen Lymphsystem im Darm können sie Abwehrzellen bilden.

Wichtige Fachbegriffe

Wann man von einer Entzündung spricht

Eine Entzündung ist eine Reaktion bestimmter Gewebe unseres Organismus auf verschiedene Reize wie Druck, Reibung, chemische Substanzen, Hitze und Mikroorganismen – Bakterien, Viren und Parasiten. Entzündungen werden zwar üblicherweise als Krankheit gesehen, sie sind aber auch ein Gradmesser für das Funktionieren der Abwehrmechanismen: Die Blutgefäße werden im entzündeten Gewebe durch bestimmte Stoffe erweitert, die Kapillarwände durchlässiger, so dass Abwehrzellen leichter in die befallenen Gewebe gelangen und die eingedrungenen Erreger bekämpfen können.

Das Auftreten von Eiter bei einer Hautwunde ist ein Zeichen dafür, dass die weißen Blutkörperchen den Kampf gegen in die Wunde eingedrungene Keime aufgenommen haben – die Abwehrschlacht ist also im vollen Gange.

Wann man von einer Infektion spricht

Eine Infektion ist das Eindringen von Mikroorganismen (Viren, Bakterien, Pilzen, Parasiten) in Pflanze, Tier oder Mensch. Zu Krankheitssymptomen kommt es bei entsprechender Vermehrung der Mikroorganismen, was stark von der Art des Erregers und der Immunitätslage des Menschen abhängt.

Anti heißt dagegen wirken

▶ *Antibakteriell:* So wirken Mittel, wenn sie das Wachstum von Bakterien beeinflussen, indem sie sie entweder vernichten (bakterizid) oder das Wachstum hemmen (bakteriostatisch).
▶ *Antibiose:* So nennt man die Abtötung oder Wachstumshemmung von Mikroorganismen.
▶ *Antimykotisch:* Dies bedeutet, dass Mittel das Wachstum von Pilzen beeinflussen, indem sie sie entweder vernichten (fungizid) oder das Wachstum hemmen (fungistatisch).
▶ *Antisepsis:* Darunter versteht man die Hemmung oder Vernichtung von Infektionserregern in Wunden.

Auch Kapuzinerkresse ist ein natürliches Antibiotikum.

Die Alternativen der Naturmedizin

In vielen leichteren Krankheitsfällen können Heilpflanzen synthetische Antibiotika ersetzen. Produkte organischen Ursprungs haben auch den Vorteil, dass ihre Stoffe in zigtausenden von Jahren in der Natur durch Versuch und Irrtum entstanden. Es ist nur einleuchtend, dass das auf diese Weise entstandene Wirkstoffspektrum anders wirkt als ein synthetisches Laborprodukt.

Die Wirkweise von Heilpflanzen

Heilpflanzen sind Vielstoffgemische mit einer Vielzahl von differenzierten Inhaltsstoffen. Daher gehört zur spezifischen Wirkung einer Pflanze auch die Gesamtheit ihrer Haupt- und Nebenwirkstoffe.

Zu den medizinisch wichtigen Hauptwirkstoffgruppen gehören Glykoside, Alkaloide, ätherische Öle, Flavonoide, Gerbstoffe, Saponine und Bitterstoffe. Die meisten Heilpflanzen enthalten mehrere aktiv wirksame Heilstoffe aus verschiedenen Stoffgruppen. Der vorherrschende Wirkstoff jedoch bestimmt dabei das Einsatzgebiet. Er wirkt in unserem Organismus gezielt auf bestimmte Gewebe, Organe oder Funktionen, indem er die Abwehrkraft stärkt, die Funktion eines Organs oder Systems unterstützt oder seine Heilung fördert.

Pflanzen mit antibiotisch wirksamen Stoffen können helfen, die Anwendung synthetischer Antibiotika einzusparen. Damit ist auch eher gewährleistet, dass ein Antibiotikum wirkt, wenn wir es tatsächlich einmal brauchen.

Viele Rätsel sind gelöst

Durch den Fortschritt der modernen Pharmakologie werden die Inhaltsstoffe verschiedener Pflanzen immer mehr entschlüsselt, auch antibiotisch wirksame Stoffe. Antibiotisch wirksame und abwehrstimulierende Heilpflanzen können bei sachgemäßem Umgang in so manchem Fall synthetische Antibiotika ersetzen. Die wichtigsten bekannten Inhaltsstoffe hierbei sind die ätherischen Öle und ihre Sonderform, die scharfen Senfölglykoside. Im Unterschied zu ätherischen Ölen werden Senföle erst nach enzymatischer Spaltung aus Glykosiden freigesetzt. Sie sind beispielsweise in Kapuzinerkresse und Meerrettich enthalten. Ätherische Öle findet man u. a. in Thymian, Bohnenkraut und Pfefferminze. Ätherische Öle haben aber noch einen weiteren Vorzug: Sie beeinflussen unsere Gefühle und Stimmungen. Ihr Wohlgeruch hebt die Stimmung, entspannt und klärt, was zur baldigen Gesundung beitragen kann.

Auch Gerbstoffe hemmen Entzündungen

Aber nicht nur Pflanzen mit ätherischen Ölen, sondern auch andere Pflanzen haben antibiotische Wirkung. Dazu gehört die Bärentraube mit ihrer vorzüglichen Wirkung bei Blasenkatarrh.

Einige gerbstoffhaltige Pflanzen wie die Blutwurz und die Eichenrinde, die Sie häufig im Rezepteteil wiederfinden werden, besitzen gleichfalls entzündungslindernde Wirkung: die Blutwurz beispielsweise bei Durchfallerkrankungen und bei Entzündungen im Mund- und Rachenraum, die Eichenrinde bei Hauterkrankungen. Gerbstoffe sind oft maßgeblich an entzündungswidrigen Reaktionen beteiligt. Bei manchen Pflanzen wie dem Salbei wirkt dann die antibiotische Kraft des ätherischen Öls mit der entzündungswidrigen Eigenschaft der Gerbstoffe zusammen.

Über die Ursache von Krankheiten

Mikroben – Bakterien, Viren, Pilze – sind niemals die alleinigen Auslöser von Krankheiten. Es gilt hier der Satz: Die Mikrobe ist nichts, das Gebiet, in welchem sie auftritt, entscheidet alles. Menschen schaffen sich oft ihre Krankheiten durch ihre eigenen physiologischen Bedingungen, durch die Art, wie sie leben. Hinzu kommt ihre angeborene körperliche Verfassung, die sich aus den Genen ableitet. Jeder Mensch hat daher bestimmte Schwachstellen, an denen bei entsprechender Lebensweise und Belastung Krankheit auftreten kann.

Gerbstoffe haben insoweit tatsächlich »gerbende« Wirkung, als sie Haut und Schleimhäute robuster und widerstandsfähiger machen. Gerbstoffe in Lebensmitteln erkennt man an der zusammenziehenden Wirkung, die sie im Mund haben, wie z. B. starker schwarzer Tee.

Ob und in welchem Ausmaß es zu einer Infektion kommt, hängt von der allgemeinen Widerstandskraft unseres Körpers und dem speziellen Gewebe ab, an dem bestimmte Mikroben angreifen, sowie von der Stärke und Zahl der Erreger.

Sanft zu körpereigenem Gewebe

Ein großer Vorteil von Pflanzen mit ätherischen Ölen gegenüber den meisten chemischen Mitteln ist ihre Aggressivität gegen Mikroben – bei gleichzeitiger Unschädlichkeit gegen das befallene Gewebe. Herkömmliche Antiseptika greifen neben den Mikroben auch das befallene Gewebe an. Heilpflanzen und ihre ätherischen Öle dagegen wirken nicht nur gegen die Mikroben, sondern helfen auch, das Milieu zu sanieren, also die Umgebung, in der die Bakterien gedeihen können. Harnsäurevermindernde Öle z. B. lindern die Beschwerden bei rheumatischen Erkrankungen. Ein weiterer Vorzug von ätherischen Ölen ist, dass ihre antiseptische Wirkung auch bei lang dauernder oder wiederholter Anwendung nicht abnimmt. Das mag daran liegen, dass sie oft nicht nur die Infektion bekämpfen, sondern auch die Selbstheilungskräfte des Körpers mobilisieren.

Ein Beispiel für hervorragend kombinierte Wirkweisen sind ätherische Öle, die helfen, den Blutzucker zu senken und zu regulieren. Diese wirken auch besonders gut auf Bakterien, die Zuckerkranke befallen haben.

Die Dosis entscheidet

Pflanzen, die zu Heilzwecken verwendet werden, können genauso Nebenwirkungen haben wie synthetische Stoffe. »Die Dosis machts, ob ein Ding Arznei oder Gift sei.« Dieser Ausspruch von Paracelsus hat auch hier Gültigkeit. Gleichwohl sind bei den in der Selbstbehandlung verwendeten zwar milden, aber sehr wohl wirksamen Heilpflanzen kaum ernsthafte Nebenwirkungen zu befürchten. Voraussetzung ist, dass Sie sich an die in diesem Buch angegebenen Dosierungen und Anwendungshinweise halten.

Besonders wichtig ist dies für die Verwendung ätherischer Öle. Anders als bei den wässrigen Auszügen aus Heilpflanzen, die in Form von Tees, Umschlägen, Inhalationen oder Bädern genutzt werden, handelt es sich hier um ein Wirkstoffkonzentrat, das sehr kräftig wirkt und daher manchmal schon in kleinen Mengen durchaus auch unerwünschte Nebenwirkungen haben kann. Besonders die innerliche Einnahme ätherischer Öle sollte daher einem Fachmann überlassen werden. Als Einreibung, Inhalation, für Umschläge oder im Bad kann aber auch ein Laie die antibiotischen Kräfte dieser Öle für die Selbstbehandlung nutzen. Außerdem kann man ätherischölhaltige Pflanzen sehr wohl auch in Form des wässrigen Auszugs nutzen, der gleichfalls ätherische Öle und damit antibiotische Wirkung besitzt, wenn auch wesentlich schwächer.

Ätherische Öle maßvoll anwenden

Voraussetzung für die Anwendung ätherischer Öle – wie von Heilpflanzen überhaupt – ist das sorgsame Befolgen der in diesem Buch gegebenen Anleitungen.

▶ Unsachgemäßer Dauergebrauch kann bei einigen Pflanzen zu Reizungen von Magen, Darm oder Nieren führen.

▶ Auch sollten in der Schwangerschaft harntreibende, abführende oder stark anregende Heilpflanzen nur in ärztlicher Absprache angewendet werden.

▶ Eine Hautreizung kann grundsätzlich bei allen ätherischen Ölen vorkommen, vor allem bei empfindlichen Personen. Häufiger ist das der Fall bei Anis, Cajeput, Eukalyptus, Niaouli, Pfefferminze, Thymian, Zimt und Zitrusölen.

▶ Von Fenchel, Rosmarin, Salbei und Ysop ist bekannt, dass sie bei innerlicher Einnahme, zuweilen auch schon in kleinen Dosen, epileptische Anfälle auslösen können. Daher sollten Epileptiker vorsichtshalber auch die äußerliche Anwendung vermeiden.

Mögliche allergische Reaktionen

Allergien werden immer häufiger. Das gilt auch für allergische Reaktionen auf Heilpflanzen und ätherische Öle. Es kann dann bei einem direkten Kontakt mit der Haut, etwa bei einem Umschlag, bei man-

Bei pflanzlicher Behandlung bleibt oft die erste unmittelbare Erleichterung aus, die man beim Einsatz von synthetischen Antibiotika erzielt. Dafür erspart man sich allerdings auch viele unangenehme Nebenwirkungen, wenn man die einfachen Regeln der Dosierung und Anwendung befolgt.

Ätherische Öle und alle sonstigen kräftigen Anwendungen wie Pflanzentropfen und hoch dosierte Heilkräutertees eignen sich nicht für eine Laienbehandlung von Kindern.

chen Menschen anstatt zu der erwarteten Beschwerdelinderung entweder stellenweise oder seltener am ganzen Körper zu Rötungen, Bläschen oder auch größeren wässrigen Schwellungen kommen. Manchmal treten auch allergische Reaktionen der Darmschleimhaut auf. Die betroffenen Personen reagieren dann nach der innerlichen Anwendung gewisser Heilpflanzen mit Übelkeit, Magenschmerzen und Durchfall oder auch Hautausschlägen.

▶ *Überempfindlichkeitsreaktionen*

Bei folgenden in diesem Buch verwendeten Pflanzen sind allergische Überempfindlichkeitsreaktionen bekannt: Arnika, Schafgarbe, Efeu, Lavendel, Minze, Anis, Fenchel, Terpentin, Zimt und Zitrusfrüchte.

▶ *Gruppenallergie*

Bei einer Gruppenallergie gegen Korbblütler sollte auch die Anwendung von Arnika, Hirtentäschel, Huflattich, Kamille, Mariendistel, Ringelblume, Schafgarbe, Sonnenhut, Wasserdost und Wermut vermieden werden.

▶ *Photoallergische Reaktionen*

Hierbei kann es nach der äußerlichen oder innerlichen Anwendung cumarinhaltiger Heilpflanzen in Verbindung mit starker Sonneneinstrahlung zu allergischen Erscheinungen kommen wie Sonnenbrand und starkem, bläschenförmigem Hautausschlag. Betroffen sind besonders hellhäutige Personen. Bekannt sind solche Reaktionen bei Bergamotte (das Öl ist auch in manchen Parfüms und Haarwässern enthalten) oder bei anderen Zitrusölen wie Zitrone und Orange, bei Engelwurz, Johanniskraut und Meisterwurz.

Beschwerden kommen nur selten vor

Glücklicherweise sind, gemessen an der Häufigkeit ihrer Anwendung, allergische Überempfindlichkeitsreaktionen auf Heilpflanzen selten. Das gilt genauso für die stark wirkenden ätherischen Öle, solange man sich an die empfohlenen Dosierungen hält. Außerdem sind die möglichen Beschwerden, die nach dem Genuss von Tees, Einreibungen, Inhalationen, Spülungen oder Umschlägen auftreten, in der Regel eher harmloser Natur.

Ätherische Öle werden mit ganz wenigen Ausnahmen nicht unverdünnt angewendet. Eine noch nie ausprobierte Sorte sollte man immer stark verdünnt zunächst auf einem kleinen Hautbezirk testen, also nicht für ein Vollbad und schon gar nicht zur Einnahme verwenden.

Kommt es doch zu einer allergischen Reaktion, ist der wichtigste Rat, den Kontakt mit dem Allergen (dem allergieauslösenden Stoff) weitmöglichst zu meiden oder zumindest einzuschränken. Bei stärkeren Reaktionen ist ein Arzt oder Heilpraktiker aufzusuchen.

Die Grenzen einer Selbstbehandlung

Die in diesem Buch vorgestellten Heilpflanzen sind schwerpunktmäßig nach ihrer antibiotischen und entzündungslindernden Kraft zusammengestellt worden. Zahlreiche wirksame Rezepte sollen Ihnen dabei helfen, einfache Beschwerden zu lindern und zu heilen.

Von besonderer Wichtigkeit ist bei allen Entzündungen und Infektionen, die Grenzen der Selbstbehandlung zu kennen. Sie ist da am Platz, wo man leichtere Beschwerden, einzelne Krankheitssymptome oder Befindlichkeitsstörungen lindern und heilen kann. Dazu gehören beispielsweise Mund-, Hals- und Rachenentzündungen oder auch eine Erkältung. Die Selbstanwendung von Heilpflanzen und ätherischen Ölen kann aber den fachlichen Rat durch einen Arzt oder Heilpraktiker nicht ersetzen.

Wenn der Arzt doch einmal ein synthetisches Antibiotikum verschreiben muss, ist es sehr wichtig, dieses auch konsequent über den vorgeschriebenen Zeitraum hinweg einzunehmen. Denn auch durch vorzeitigen Abbruch der Behandlung werden neue resistente Erregerstämme gezüchtet.

Wann man zum Arzt oder Heilpraktiker sollte

▶ Bei allen ausgeprägten Symptomen wie hohem Fieber und starken Schmerzen

▶ Bei schlechtem Allgemeinbefinden, großer Schwäche, Erschöpfung oder Veränderungen der Herz- und Kreislauftätigkeit

▶ Wenn sich die Beschwerden verschlimmern, wenn zusätzliche Symptome auftreten oder wenn bestimmte Beschwerden zunächst verschwinden, dann aber wieder kommen

▶ Wenn die Beschwerden nach drei Tagen nicht besser geworden oder ganz verschwunden sind

▶ Wenn leichtere Symptome nach einigen Tagen immer noch bestehen und Sie nicht genau wissen, was es sein könnte. Hinter zunächst harmlos erscheinenden Symptomen können sich ernstere Krankheiten verbergen, die Sie als Laie nicht erkennen und schon gar nicht therapieren können und sollen!

Antibiotische Kraft in Kräutern und Gewürzen

Die Aromatherapie heilt über den Geruchssinn.

Ätherische Öle

Ätherische Öle erinnern an die Wohlgerüche in der Kosmetik und in der Küche, an den Spaziergang im Tannenwald oder die duftende Kräuterwiese. In den verschiedensten Kulturen wurden Pflanzen mit ätherischen Ölen verwendet, dabei war ihre medizinische Anwendung eng begleitet von mythischen Praktiken, von Magie, Zauberglauben und Religion. Durch Abbrennen aromatisch riechender Pflanzenteile versuchte man, Transzendenz zu erreichen.

Heute macht sich auch die Nahrungsmittelindustrie natürliche Aromastoffe zunutze. So nimmt man beispielsweise das Öl von Zitrone, Orange und Limone als Zusatz für Marmeladen und Fruchtgelees. In Kosmetika werden ätherische Öle sowohl aufgrund ihres Wohlgeruchs als auch wegen ihrer hautpflegenden Eigenschaften verwendet.

Düfte beeinflussen das Nervensystem

In der Aromatherapie wird u. a. die Duftwirkung ätherischer Öle genutzt, wenn auch in medizinischem Sinn. Der Geruchssinn ist der einzige Sinn, der unmittelbar mit dem entwicklungsgeschichtlich ältesten Teil unseres Gehirns in Verbindung steht, dem limbischen System. Über diesen Weg können Düfte direkt Nerven, Gefühle und Seele beeinflussen. Die Wirkung ätherischer Öle kann beispielsweise anregen, die Konzentration fördern oder entspannen und beruhigen. Sie wirken über ihren Duft ausgleichend und harmonisierend auf unser vegetatives Nervensystem. Aber auch Appetit und Verdauungstätigkeit werden auf reflektorischem Weg durch den Geruchs- und Geschmackssinn angeregt.

Die medizinische Anwendung

Die medizinische Verwendung von Heilpflanzen und besonders der aus ihnen destillierten ätherischen Öle ist von großem therapeutischem Wert – äußerlich in Form von Einreibungen, Inhalationen, Umschlägen und auch innerlich in Form von Tropfen oder Tees. Grund ist die hervorragende heilende und antibiotisch wirksame Kraft zahlreicher ätherischer Öle.

Beispiele bekannter Pflanzen, deren Hauptwirkung auf ihren Gehalt an ätherischen Ölen zurückzuführen ist, sind Pfefferminze, Eukalyptus und Nelke. Eukalyptusöl wird gerne für Inhalationen bei Erkältungen verwendet, Nelkenöl lindert Zahnschmerzen und Pfefferminzöl Verdauungsstörungen.

Die Aromatherapie – so nennt man die Therapierichtung, die mit den ätherischen Ölen von Heilpflanzen arbeitet – verbindet konkrete medizinische Wirkung mit emotionalem Wohlbefinden und einer Harmonisierung des Vegetativums. Man weiß heute ja, wie wichtig ein ausgeglichenes Nervensystem für ein intaktes Abwehrsystem ist.

Hoch konzentrierte Pflanzenessenzen

Es sind stark riechende, ölartige Flüssigkeiten, die an der Luft leicht verdunsten und für den charakteristischen Geruch von Pflanzen verantwortlich sind. Insgesamt rechnet man zu den Ätherischöldrogen alle Pflanzen, die flüssige, leicht flüssige, charakteristisch riechende und aromatisch, scharf oder bitter schmeckende Öle enthalten. Diese Öle werden von den Pflanzen in Blättern, Blüten, Früchten, Wurzeln und im Holz, seltener in Stängeln und Rinden, gebildet.

Je nach Pflanze findet man ätherische Öle in besonderen Drüsenhaaren oder Drüsenschuppen der Pflanzenhaut, in inneren Ölzellen oder in inneren Sekretbehältern. Sie kommen entweder in allen pflanzlichen Geweben vor oder sind streng auf bestimmte Pflanzenteile beschränkt. So finden wir z. B. bei der Rose und dem Lavendel das Öl in den Blüten, beim Zimtbaum in Blättern und Rinde, bei der Pfefferminze in Blättern und Stängeln und bei den Zitruspflanzen in Blüten

Einer der Pioniere der Aromatherapie in Europa ist der französische Arzt Jean Valnet. Er behandelte bereits in seiner Zeit als Militärarzt im Zweiten Weltkrieg Verwundete mit großem Erfolg mit aromatischen Essenzen.

und Fruchtschale. Man betrachtet vielfach die ätherischen Öle als die Essenz (das Wesen) einer Pflanze, weshalb sie auch Essenzen genannt werden. Ätherische Öle entstehen direkt als Produkte des Pflanzenstoffwechsels. Ihre möglichen Aufgaben für eine Pflanze sind: Fraßschutz, Insektenlockstoff, Verminderung von Feuchtigkeitsverlust, Schutz vor Schädlingsbefall (antibiotische Wirkung).

Alle ätherischen Öle besitzen desinfizierende und antibiotische Wirkung, wenn auch in sehr unterschiedlichem Ausmaß. Diese Eigenschaft des Öls bietet der jeweiligen Pflanze beispielsweise Schutz vor Insektenfraß und Schmarotzerbefall.

Menge und Inhaltsstoffe

Die Menge an ätherischem Öl in Pflanzen schwankt zwischen 0,01 bis 10 Prozent und mehr. Typische Ätherischöldrogen enthalten mindestens 0,1 Prozent, in der Regel 1,0 bis 2,0 Prozent, manchmal bis 20 Prozent ätherisches Öl. Nicht alle Pflanzen enthalten ätherisches Öl; man schätzt etwa 30 Prozent. Die aromatischen Stoffe ätherischer Öle sind so kräftig, dass sie noch in sehr hohen Verdünnungen geschmacklich oder geruchlich wahrgenommen werden können. Ätherische Öle sind nur in Alkohol und Öl löslich, nicht aber in Wasser. Sie bestehen aus einer Mischung verschiedener Einzelstoffe, die je nach Öl sehr komplex sein kann. Vom Melissenöl beispielsweise kennt man heute etwa 120 Bestandteile. Von vielen Ölen sind noch längst nicht alle Bestandteile entschlüsselt.

Ätherische Öle bestehen aus terpenoiden Verbindungen – Monoterpenen wie Menthol, Sesquiterpenen wie Azulen und Phenylpropanverbindungen wie das leicht flüchtige und stark riechende Eugenol aus der Gewürznelke. Bei den meisten Ölen steckt in den Terpenen die antibiotische Wirkung.

Der Nutzen von Gewürzen

Die Wirkung ätherischer Öle ist identisch mit der Wirkung aromatischer Gewürze. Gewürze sind getrocknete Pflanzenteile, die sich durch einen mehr oder weniger hohen Gehalt an aromatischen und scharfen Substanzen auszeichnen. Sie dienen seit alters der Geschmacksverbesserung, vor allem aber fördern sie die Verdauung und verhüten durch ihre allgemein desinfizierende Wirkung Gärungs-

und Fäulnisprozesse. Gewürze mit ihren ätherischen Ölen haben Tradition in südlichen und tropischen Ländern, wo Gärprozesse im Darmbereich zu ernsthaften Krankheiten führen können.

Phytotherapie in der Küche

Jeder Koch wendet täglich die Phyto- und Aromatherapie an, indem er Thymian, Majoran, Knoblauch und Zwiebel verwendet. Beispiele für wichtige Gewürzwirkungen von etwa Majoran, Oregano und Bohnenkraut sind:

▶ Linderung und Verhütung von Blähungen und Krämpfen
▶ Anregung der Darmmotorik und der Verdauungsdrüsen
▶ Förderung des Appetits und Linderung von Völlegefühl

Was Sie aber wissen sollten, ist, dass der Wirkstoffgehalt bei Gewürzen nicht standardisiert ist wie bei Heilkräutern. Das bedeutet, dass die Wirkstoffkonzentrationen je nach Anbaugebiet, Lagerzeit usw. sehr stark schwanken können.

Zudem geht während des Kochens ein Teil der ätherischen Öle verloren, so dass die therapeutische Wirkung von Gewürzen gegenüber den reinen Arzneipflanzen meist deutlich abgeschwächt ist.

Das ätherische Öl des Thymians beispielsweise hat messbar stärkere bakterizide Wirkung als das chemische Desinfektionsmittel Phenol. Thymian bekämpft so schwere Krankheitsverursacher wie den Milzbranderreger, Typhus-, Diphtherie- und Tuberkuloseauslöser.

Mit Gewürzen kann man nicht nur Speisen verfeinern, sondern auch ausgesprochen wirksam die Gesundheit unterstützen.

Der aromatische Index

Der französische Forscher Bellaiche testete die Wirksamkeit ätherischer Öle gegen besonders häufige krank machende Keime.

Die Zahlen geben den so genannten aromatischen Index an (der theoretische Wert 1 bedeutet, dass sämtliche getesteten Keime stark gehemmt wurden).

▶ Oregano	0,873		▶ Rosmarin	0,317
▶ Thymian	0,711		▶ Pinie	0,317
▶ Zimt	0,687		▶ Fenchel	0,312
▶ Gewürznelke	0,517		▶ Lavendel	0,296
▶ Cajeput	0,333		▶ Myrte	0,250

Die Wirkung auf den Körper

Eine Besonderheit ist die Ausscheidung ätherischer Öle über Lunge oder Harntrakt. Das gilt für innerlich eingenommene wie für über die Haut zugeführte Öle. Auf diese Weise wird auch die antibiotische Kraft besonders in diesem Bereich wirksam. Eukalyptus und Thymian wirken z. B. gut in den Atemwegen, Wacholder im Harntrakt, Kümmel und Fenchel im Dünndarm. Die senfölhaltigen Pflanzen Knoblauch und Zwiebel desinfizieren und entkrampfen die Atemwege. Neben der antibiotischen Wirkung gibt es noch eine zweite: die Reizung von Haut und Schleimhaut. Man setzt ätherische Öle ein zur Durchblutungsteigerung und Schmerzlinderung.

Aus gutem Grund würzt die volkstümliche Küche schweres und fettes Essen wie Schweinebraten und Kohlgerichte gern mit Kümmel. Die ätherischen Öle des Gewürzes wirken verdauungsfördernd und vermeiden Blähungen.

Es gibt auch Multitalente

Ätherische Öle sind pflanzliche Stoffe und wie alle diese in ihrer Wirkung vielfältig. Bei manchen Ölen steht die antibiotische Wirkung im Vordergrund, bei anderen die hautreizende, bei wieder anderen die Wirkung auf bestimmte Organe oder Körperbereiche. Viele Öle vereinigen mehrere Wirkungen in sich:

▶ Blähungslindernd und antimikrobiell: Kümmel, Fenchel sowie Bohnenkraut
▶ Nervenstärkend, verdauungsanregend, antibiotisch: Lavendel
▶ Entzündungswidrig: Kamille und Schafgarbe
▶ Abwehrstärkend: Thymian
▶ Verdauungsanregend, die Gallenblase stimulierend: Pfefferminze

Welche Keimarten gebremst werden

Bakterien

Bei einer ähnlichen Untersuchung wie der von Bellaiche (siehe Kasten Seite 20) ergab sich das größte antibiotische Wirkungsspektrum für Bohnenkraut, Nelke, Oregano, Teebaum, Thymian und Zimt. Auch Pfefferöl hat eine kräftig antibiotische Wirkung. Gegen bestimmte Bakterien wirkten gut: Cajeput, Eukalyptus, Geranie, Estragon, Lavendel, Myrte, Petitgrain, Niaouli und Feldthymian (Quendel).

Schimmelpilze

Thymian (Thymol), Zimtöl und Nelkenöl waren in einer Verdünnung von 1:1000 vielen marktüblichen Medikamenten hinsichtlich ihrer pilzbekämpfenden Wirkung überlegen.

Zimtöl und Nelkenöl wirken besonders bei Aspergillus und Penicilliumarten bei Mykosen (Pilzinfektion) der Haut, der Genitalien, des Ohrs und der Atmungsorgane. Allgemein kräftig antimykotisch wirksam sind Zimtöl, Pfefferöl, Nelkenöl und Thymianöl.

Viren

Der wässrige Auszug von Melisse hilft bei lokaler Anwendung gegen Herpesviren (Herpes zoster und Herpes simplex). Wirksam ist dabei nicht das ätherische Öl, sondern verschiedene Gerbstoffe, die durch einen wässrigen Auszug extrahiert werden. Auch die wässrigen Extrakte von Pfefferminze, von Majoran und Thymian haben Wirkung gegen Herpesviren gezeigt. Auch bei verschiedenen Grippeviren wirken Tees aus diesen Pflanzen lindernd. Die grippelindernde Wirkung des gerbstoffhaltigen schwarzen Tees ist schon länger bekannt.

Traditionelle Kräuterauszüge haben oft eine erstaunliche Wirkung gegen verschiedene Mikroorganismen. Der berühmte Klosterfrau Melissengeist soll demnach bei vielen Infektionen besser wirken als manche Breitbandantibiotika. Mit Vorsicht zu genießen ist allerdings der hohe Alkoholgehalt.

Besonders tückisch – die Viren

Das Problem bei der Bekämpfung von Viren ist, dass sie keine selbstständigen Organismen sind wie Bakterien und Pilze, sondern sich innerhalb von Wirtszellen vermehren. Viren befallen je nach Virusart bestimmte Zellen unseres Körpers, die bei Freigabe fertig entwickelter Viren zugrunde gehen.

Schwierig ist es immer, die Entwicklung von Viren zu hemmen, ohne gleichzeitig die körpereigenen Wirtszellen zu schädigen. Das erklärt, warum man bis heute kein direkt virenbekämpfendes Mittel gefunden hat. In umfangreichen Studien fand man heraus, dass Zimtöl, Pfefferöl und Nelkenöl die kräftigsten antiviral wirksamen Substanzen waren, besonders bei Herpes- und Adenoviren (Erkältungsviren). Sie verminderten die Viruskonzentration, ohne die Zellen unseres Körpers zu schädigen. Oftmals kam es dabei gleichzeitig zu einem deutlichen Anstieg der Immunglobuline – ein deutlicher Hinweis auf die Stimulierung des körpereigenen Abwehrsystems.

Leider bestätigen die ätherischen Öle von Zimt und Gewürznelke, dass starke Wirkung in der Regel nicht ohne Nebenwirkung zu haben ist: Beide rufen besonders häufig auch allergische Reaktionen hervor.

Die wichtigsten pflanzlichen Antibiotika

▶ Anis	▶ Kampfer	▶ Pfefferminze
▶ Basilikum	▶ Kiefernnadel	▶ Quendel
▶ Bergamotte	▶ Knoblauch	▶ Rosmarin
▶ Bohnenkraut	▶ Kümmel	▶ Salbei
▶ Borneol	▶ Lavendel	▶ Sandelholz
▶ Cajeput	▶ Lemongras	▶ Schwarzer Pfeffer
▶ Estragon	▶ Majoran	▶ Teebaum
▶ Eukalyptus	▶ Melisse	▶ Thymian
▶ Fenchel	▶ Muskatellersalbei	▶ Wacholder
▶ Fichtennadel	▶ Muskatnuss	▶ Ysop
▶ Geranie	▶ Myrrhe	▶ Zimt
▶ Gewürznelke	▶ Myrte	▶ Zitrone
▶ Ingwer	▶ Niaouli	▶ Zwiebel
▶ Kamille	▶ Oregano	▶ Zypresse

Andere pflanzliche Antibiotika

Die Senfölglykoside

Die schwefelhaltigen Senföle und Lauchöle nehmen eine Sonderstellung unter den ätherischen Ölen ein. Man findet sie in einigen in der Küche häufig verwendeten Pflanzen. Dazu gehören:

▶ Senf
▶ Kohl
▶ Rettich und Meerrettich
▶ Kapuziner- und Brunnenkresse
▶ Lauchgewächse wie Knoblauch, Zwiebel und Bärlauch

Ihr Geruch ist meist besonders stark, teils unangenehm und beißend, der Geschmack scharf. Senfölglykoside haben Reizwirkung auf die Gewebe unseres Körpers. Innerhalb der Kategorie der ätherischölhaltigen Pflanzen sind ihre schleimhautreizenden, kreislaufanregenden und antibiotischen Wirkungen besonders stark ausgeprägt. Senfölglykoside wirken auf die Verdauung, die Harnausscheidung und den gesamten Stoffwechsel. Anwendungsgebiete sind beispielsweise Bronchitis, Grippe und Harnwegsinfektionen. Bei manchen Krankheiten kommt ihre keimtötende Wirkung an die der Penizilline heran.

Bei den Senfölen handelt es sich um wasserdampfflüchtige Stoffe, die in der Pflanze in glykosidischer Bindung vorliegen. Sie entstehen durch enzymatische Prozesse beim Zerkleinern der Pflanzen.

Die Scharfstoffe

Scharfstoffhaltige Pflanzen sind ätherischölhaltige Pflanzen, die, wie der Name schon sagt, scharf schmeckende Stoffe enthalten. Sie stehen in ihrer allgemein stoffwechselanregenden Wirkung den Senfölen in nichts nach.

Es besteht antibiotische Wirkung, die Produktion von Verdauungssaft, von Speichel, Magen- und Darmsaft und die Darmbewegung werden aktiviert. Scharfstoffe sind enthalten in:

▶ Galgantwurzel
▶ Ingwerwurzel
▶ Schwarzem Pfeffer

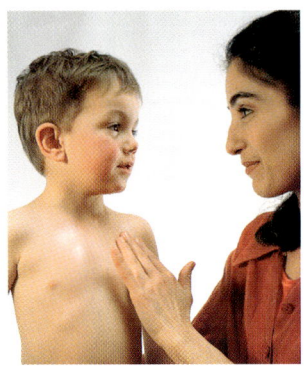

Natürliche Antibiotika sind auch sanft genug für Kinder.

Die Möglichkeiten der Anwendung

Grundsätzlich können Heilpflanzen und die aus ihnen gewonnenen ätherischen Öle synthetische Antibiotika sicher nicht ersetzen, aber sie können sehr wohl helfen, sie in dem einen oder anderen Fall einzusparen. Dabei bringen hohe Dosierungen gar nicht immer bessere Wirkungen. Im Gegenteil wirken manche Essenzen besser, wenn man sie in größeren Verdünnungen gibt, ohne dass es sich dabei schon um homöopathische Dosen handeln würde.

Eine optimale Wirkung erreichen Sie, wenn Sie ätherische Öle gleichzeitig zerstäuben, einreiben, inhalieren und innerlich in Form der ganzen Pflanze als Tee einnehmen.

Um Ihnen das nötige Wissen zur Anwendung von Heilpflanzen an die Hand zu geben, finden Sie in diesem Kapitel allgemeine Richtlinien und Hinweise zu Einkauf und Verwendung von Heilkräutern und ätherischen Ölen.

Es gibt inzwischen verschiedene Anbieter für ätherische Öle aus kontrolliert biologischem Anbau. Diese sind den anderen Ölen unbedingt vorzuziehen, auch wenn sie mehr kosten.

Tipps für den Einkauf

Nicht jede Pflanzenkultur weist die beste Wirkstoffkombination auf. In manchen Ländern der Dritten Welt werden Spritz- und Düngemittel benutzt. Beziehen Sie Heilpflanzen und ätherische Öle daher von verlässlichen Anbietern.

Heilpflanzen und ätherische Öle aus der Apotheke haben den Vorteil, dass sie stichprobenartig auf Rückstände und Wirkstoffgehalt untersucht werden. Sie müssen einen dem deutschen Arzneibuch entsprechenden, standardisierten (in etwa gleichbleibenden) Wirkstoffgehalt aufweisen, wodurch auch eine in etwa gleichbleibende Wirkung garantiert werden kann. Auch seriöse Kräuter- und Reformhäuser achten auf Qualität. Wichtig ist es, naturreine, unverschnittene Öle zu verwenden. Fragen Sie hierzu Ihren Apotheker.

Die Verfahren der Teezubereitung

Die Teezubereitung ist eine einfache und – richtig eingesetzt – mild wirkende, aber effektive Möglichkeit zur Beschwerdenlinderung. Sie eignet sich besonders auch für medizinische Laien, da kaum Nebenwirkungen zu befürchten sind.

Der Aufguss (Infusion = Infus)

Der Teeaufguss ist die bekannteste Anwendung wirkstoffhaltiger Heilpflanzen.

Anwendung: Geben Sie 1 bis 2 Teelöffel oder die angegebene Menge Heilkräuter entweder offen oder in einer entsprechenden Vorrichtung (Teesieb, Teenetz o. Ä.) in ein geeignetes Gefäß (Glas oder Porzellan), und begießen Sie sie mit 1/4 Liter kochend heißem Wasser. 10 Minuten mit einem Deckel gut zugedeckt ziehen lassen oder solange, wie im Rezept angegeben ist. Anschließend durch ein Sieb abgießen. Um die Inhaltsstoffe, speziell die ätherischen Öle, nicht zu zerstören, werden Aufgüsse oft mit nur sehr heißem Wasser bereitet.

Die Abkochung (Decoctum = Dekokt)

Bei einer Abkochung werden die verwendeten Pflanzenteile direkt im Wasser gekocht. Besonders auch die Gerbstoffe werden auf diese Weise ausgezogen.

Anwendung: Man gibt 1 bis 2 Teelöffel oder die angegebene Heilkräutermenge in einen Topf mit 1/4 Liter kaltem Wasser und erhitzt dieses bis zum Kochen. Damit möglichst wenige der flüchtigen Wirkstoffe verloren gehen, verschließt man den Topf mit einem gut sitzenden Deckel. Den Sud unter gelegentlichem Umrühren so lange bei geringer Hitze kochen und anschließend ziehen lassen, wie in der Rezeptur angegeben. Im Allgemeinen lässt man ihn für eine Kurzabkochung zwischen 1 bis 3 Minuten, sonst etwa 20 Minuten kochen. Den Tee auf mäßige Wärme abkühlen lassen und abseihen.

Oft wird nur ein Hauptwirkstoff einer Heilpflanze arzneilich verwendet, der auf synthetische Weise hergestellt wurde, beispielsweise Menthol aus dem Pfefferminzöl. Die natürliche, unverfälschte Essenz ist aber wirksamer: Das Ganze hat eine andere Wirkung als seine Teile.

Der Kaltauszug (Mazeration = Mazerat)

Einen Kaltauszug macht man, wenn man ätherische Öle und andere empfindliche Stoffe, z. B. Schleimstoffe, möglichst vollständig erhalten will und andere Substanzen, z. B. die Gerbstoffe, nur in geringen Mengen erwünscht sind.

Anwendung: Geben Sie 1 bis 2 Teelöffel oder die angegeben Menge Kräuter in 1/4 Liter kaltes Wasser. Zugedeckt zwischen 6 und 12 Stunden stehen lassen und anschließend abseihen. Wenn man sichergehen will, dass die größte Anzahl der während der langen Einweichzeit möglicherweise entstandenen Keime abgetötet wird, erhitzt man den Auszug noch einmal kurz bis zum Siedepunkt, lässt ihn abkühlen und trinkt ihn dann nach Vorschrift.

In einem Tierversuch wurde festgestellt, dass Lavendelöl, das auf die rasierte Haut von Meerschweinchen aufgetragen wurde, bei der Autopsie des toten Tiers in den Nieren zu finden war.

Die Anwendung ätherischer Öle

Ätherische Öle sind stark wirkende Heilmittel, so dass sich das erwartete positive Ergebnis rasch ins Gegenteil umkehren kann. Beachten Sie daher genau die angegebenen Dosierungen, und wenden Sie die Öle nur kurzfristig während der akuten Beschwerden an.

Zur äußerlichen Anwendung zählen Einreibungen, Umschläge, Bäder und Inhalationen. Ätherische Öle werden hier aufgrund ihrer hautreizenden und desinfizierenden Eigenschaft genutzt.

Aufgrund ihrer Fettlöslichkeit zeichnen sich ätherische Öle durch eine gute Aufnahme über die Haut aus. Sie entfalten sowohl eine lokale als auch tiefer gehende Wirkung auf bestimmte Organe, wenn man sie einreibt oder zum Baden verwendet.

Einreibungen

Man weiß heute, dass ätherische Öle nach dem Auftragen auf die Haut in etwa vier Stunden in Blut und Lymphe aufzufinden sind. Eine Einreibung ist daher eine schleimhautschonende Möglichkeit, die antibiotische Kraft der Öle auch innerlich zu nutzen.

Anwendung: Man nimmt für eine Einreibung 10 bis 20 Tropfen ätherisches Öl. Geben Sie die Öle, wenn Sie es vertragen, direkt auf die Haut (nicht auf die Schleimhaut!). Dabei sollten Sie aber erst an einer kleinen Hautstelle die Verträglichkeit testen. Besser ist, die für eine Einreibung benötigte Menge mit 1/2 bis 1 Teelöffel Olivenöl als Trägeröl zu vermischen. Um eine größere Menge Einreibemittel herzustellen, geben Sie auf 100 Milliliter fettes Öl (Olivenöl oder speziell für Wunden und Verbrennungen Johanniskrautöl) etwa 5 Milliliter ätherisches Öl. Auch Hydrolate sind zur Verdünnung geeignet. Sie entstehen bei der Destillation ätherischer Öle und enthalten neben Wasser auch Spuren des Aromaöls. Rosenwasser ist das wohl bekannteste Beispiel.

Hinweis Die Öle von Minze, Thymian, Oregano, Nelke, Bohnenkraut, Muskatnuss, Salbei, Rosmarin, Cajeput, Basilikum, Wacholder und Ingwer sollten auch in Einreibungen nur in kleinen Dosen verwendet werden, da sie sehr stark wirken.

Inhalationen und Gesichtsdampfbäder

Inhalation von Kräutern und Ölen mit Wasserdampf sind eine gute Möglichkeit, die Beschwerden bei Erkrankungen der Atemwege wie Bronchitis, Schnupfen und Nebenhöhlenentzündungen zu lindern. Ätherische Öle wirken bei akuten Entzündungen oft zu scharf; in diesem Fall muss mit der ganzen Pflanze, beispielsweise Kamille oder Fichtennadeln, inhaliert werden. Gesichtsdampfbäder dienen der Gesichtspflege und sind speziell auch bei Akne zur Reinigung und Entzündungslinderung geeignet. Die Durchführung entspricht der von Inhalationen, wobei die Wirkung der pflanzlichen Substanzen auf die Gesichtshaut und nicht auf die Atemwege im Vordergrund steht.

Anwendung: Füllen Sie für eine Inhalation 1 bis 2 Liter kochendes Wasser in eine Schüssel oder einen Topf, und geben Sie die vorgeschriebene Menge Heilpflanzen oder bis maximal 10 Tropfen ätherisches Öl zu. Dann ein großes Handtuch über Kopf und Schüssel breiten und bei ätherischen Ölen etwa 5, sonst 5 bis 10 Minuten lang inhalieren. Mindestens 2-mal täglich anwenden.

Für einige Anwendungen sollte man abgekochtes Wasser verwenden, um das Risiko der Verschlimmerung einer Entzündung möglichst auszuschalten. Um Wasser zu sterilisieren, muss es mindestens 20 Minuten lang sieden. Man kann aber auch destilliertes Wasser verwenden.

Heiße Fußbäder sorgen für eine bessere Durchblutung des gesamten Körpers, kalte Fußbäder wirken erfrischend und belebend.

Bäder

Für Bäder sind natürliche Vermittler notwendig, da sich ätherische Öle nicht in Wasser lösen. Geeignet sind etwa ein Esslöffel Honig, ein Becher Sahne oder ein halber bis ein Liter Milch. Auch ein Eigelb, ein Esslöffel flüssige Seife oder ein bis zwei Esslöffel Bademilch kann man verwenden.

Besonders bei trockener Haut sind Ölbäder mit hautnährenden fetten Ölen wie Mandelöl, Weizenkeimöl oder Avocadoöl zu empfehlen. Dazu 1/2 bis 3 Teelöffel eines Öls mit der benötigten Menge ätherischer Öle vermengen.

Anwendung: Bis maximal 10 Tropfen ätherisches Öl in einen Vermittler mischen, nach dem Einlaufen des Wassers zugeben und verteilen. Die Badedauer sollte bei einer Temperatur von 36 bis 38 °C maximal 20 Minuten betragen. Für Sitz- und Fußbäder nimmt man etwa 5 bis 10 Tropfen Öl auf 1/2 bis 2 1/2 Liter Wasser. Bei Fieber, Bluthochdruck, Gefäß-, Herz- und Kreislauferkrankungen sollten Sie nicht baden.

Umschläge

Anwendung: Tauchen Sie dafür eine Kompresse in 1/2 Glas Wasser, in das Sie 5 Tropfen eines ätherischen Öls gegeben haben. Gut ausdrücken und auf die Haut legen. Mit einem trockenen Tuch abdecken. Man nimmt 1 bis 5 Tropfen auf 100 Milliliter Wasser, je nach Öl und Verträglichkeit. Bei Kaltwasseranwendungen, beispielsweise zur Fiebersenkung, können ätherische Öle die Wirkung beträchtlich verstärken. Dazu einige Tropfen in das Wasser geben.

Zerstäuben

Die höchste Raumluftkonzentration an ätherischen Ölen, wie sie auch für eine Desinfizierung geeignet ist, erreicht man mit handelsüblichen Zerstäubern. Aromalampen sind zur Duftverbreitung geeignet und sorgen für gute Atmosphäre und Wohlgefühl. Sie haben im Unterschied zu Zerstäubern keine direkte therapeutische Wirkung.
Anwendung: Geben Sie einige Tropfen der angegebenen Öle (siehe Seite 44ff.) in einen Zerstäuber, eine Aromalampe, eine Schale Wasser auf der Heizung oder einen Luftbefeuchter.

Innerliche Anwendung

Sie sollte in Zusammenarbeit mit einem in der Aromatherapie erfahrenen Arzt oder Heilpraktiker erfolgen. Für Kinder reicht die Teeanwendung völlig aus.
Anwendung: Wenn nicht anders beschrieben, geben Sie 1 bis 2 Tropfen ätherisches Öl mit etwas Honig (1 Teelöffel) in 1/2 Tasse Kräutertee oder warmes Wasser. Umrühren und maximal 3-mal täglich trinken. Man kann die Essenzen auch direkt von der Hand lutschen. Eine bestimmte Essenz sollte nicht länger als 2 Wochen lang eingenommen werden. Als Anhaltspunkt für Dosierungen gilt: 1 Gramm entspricht 1 Milliliter oder etwa 50 Tropfen.

Ätherische Öle in der Küche

Zahlreiche Gewürze enthalten ätherische Öle, und nicht alle gehen beim Kochen verloren. Nutzen Sie daher ihre wertvollen Kräfte, und kochen Sie mit Anis, Fenchel, Kümmel, Thymian, Oregano, Nelke, Zimt, Knoblauch, Zwiebel etc.

In unterschiedlichem Ausmaß wirken bei innerlicher Anwendung alle ätherischen Öle reizend auf die Schleimhäute von Magen und Darm. Oft kann sich dabei allerdings bereits im Mund ihre desinfizierende Wirkung entfalten. Ein Beispiel hierfür ist Salbei.

Bohnenkraut ist eine einjährige Pflanze mit schönen Blüten.

Heilpflanzen kennen und richtig einsetzen

Hier finden Sie eine Zusammenstellung wichtiger, leicht antibakteriell wirkender ätherischölhaltiger Heilpflanzen und ihrer möglichen Anwendungsgebiete. Die »großen Stars« unter den pflanzlichen Antibiotika werden dabei ausführlicher vorgestellt, während die Übersicht auf Seite 44ff. Kurzinformationen zu allen in den Heilanwendungen benutzten Kräutern und ätherischen Ölen bietet.

Die Alleskönner – zehn Steckbriefe

Die folgende Auswahl beschreibt ausführlich zehn wichtige antibiotisch wirksame und entzündungswidrige Heilpflanzen mit einem besonders breiten Anwendungsspektrum.

Bohnenkraut

Der Lippenblütler genoss bereits in der Antike hohes Ansehen. Man unterscheidet das hauptsächlich gebräuchliche und als Gewürz verwendete Gartenbohnenkraut von dem insgesamt um einiges kräftiger wirksamen Bergbohnenkraut. Bergbohnenkraut ist auch wesentlich stärker antibiotisch wirksam. Ansonsten ähneln sich beide Arten in Wirkung und Anwendung.

Bohnenkraut ist auch geeignet bei Wunden und Insektenstichen. Den lauwarmen Tee darauftupfen, oder besser 2 Tropfen ätherisches Öl. Das verhindert oft Schmerzen und Schwellungen.

Die Inhaltsstoffe
Arzneilich verwendet wird das blühende Kraut, das zwischen 0,3 und 1,9 Prozent ätherisches Öl, vier bis acht Prozent Gerbstoffe, Bitterstoffe und ein wenig Schleim enthält. Hauptbestandteile des Öls sind Carvacrol (etwa 30 Prozent), Cymol, Dipenten, Phenolen, Pinen, Terpene, Phenol, Cineol und etwas Thymol.

Die Wirkung

Bohnenkraut ist stark antiseptisch wirksam, das Bergbohnenkraut in vielen Fällen noch stärker als der Thymian, außerdem fäulniswidrig, allgemein und geistig anregend und aphrodisisch.

Die Anwendungsgebiete

Bevorzugte Anwendung des Krauts ist der Magen-Darm-Bereich. In der Küche ist es gleichermaßen wegen seines Aromas wie auch seiner Fäulnis bekämpfenden und verdauungsfördernden Eigenschaften beliebt. Bohnenkraut lindert Blähungen und Krämpfe (die leicht scharfe Bohnenkrautwürze sollte bei keinem Bohnen-, Linsen-, Erbsen- oder Kohlgericht fehlen), regt den Appetit an und ist aufgrund seines desinfizierenden ätherischen Öls sowie seiner Gerbstoffe geeignet als Mittel gegen Durchfälle aller Art. Zahlreiche Verdauungsliköre und Wundheilmittel enthalten Bohnenkraut als Bestandteil.

Die Verträglichkeit

Wichtig: Aufgrund seiner haut- und schleimhautreizenden Wirkung sollte man Bohnenkrautöl nicht unverdünnt anwenden. Ist dies in den Rezepten so angegeben, vorsichtig probieren.

Eukalyptus

Das Myrtengewächs stammt ursprünglich aus Australien und Tasmanien, ist aber heute in allen Mittelmeerländern verbreitet. Der Eukalyptusbaum gehört zu den höchsten Bäumen der Welt, die bekannteste australische Art erreicht Höhen um die 100 Meter. In Australien, wo Eukalypus als ein Allheilmittel auch gegen Krebserkrankungen und Malaria gebraucht wird, haben seine antibiotischen Eigenschaften den Begriff vom Fieberbaum geprägt.

Die Inhaltsstoffe

Wichtigster Inhaltsstoff ist das ätherische Öl aus den Blättern und Knospen. Man erwartet heute bei pharmakologisch genutzten Bäumen eine Ölmenge von zwei bis drei Prozent. Inhaltsstoffe sind das

Für einen Bohnenkrauttee bei Blähungen, Gärungs- und Fäulniszuständen im Darm oder Durchfall bereitet man einen Aufguss: 2 Teelöffel Kraut mit 1/4 Liter kochendem Wasser übergießen, 10 Minuten lang ziehen lassen und 2 Tassen täglich trinken.

wertbestimmende kampferartige Cineol (= Eukalyptol, um 70 Prozent), das pfefferminzartig riechende Piperiton, Phellandren, Pinen, Aldehyde und Alkohole. Die Blätter enthalten außerdem Flavonoide, Bitter- und Gerbstoffe, Harze und Gummi.

Die Wirkung

Eukalyptusöl gehört zu den ätherischen Ölen mit der stärksten antiseptischen Wirkung. Das Versprühen einer zweiprozentigen Eukalyptusessenzlösung beispielsweise tötet 70 Prozent der im Raum schwebenden Staphylokokken. Speziell günstig wirkt Eukalyptus auf Lunge und Harnwege.

Die Anwendungsgebiete

Für medizinische Zwecke werden die Blätter in Form eines Heiltees genutzt, weit häufiger jedoch das ätherische Öl in Form von Einreibungen, Inhalationen oder auch innerlich eingenommen.

Seit langem ist die ausgezeichnete Wirkung des Eukalyptols auf die Lunge bekannt: Es desinfiziert, hemmt die Schleimbildung, verflüssigt zähen Schleim und fördert den Auswurf. Husten und Bronchitis werden gelindert. Eukalyptus ist hervorragend geeignet zur Verhinderung von Katarrhen, Grippe, Angina, Erkältung, auch von Infektionskrankheiten wie Masern und Scharlach. Seine kühlende Eigenschaft kann man sich zur Senkung von Fieber zunutze machen. Auch bei der Behandlung schlecht heilender Wunden und Geschwüre und zur Blutreinigung bei allgemeinen Infektionen leistet Eukalyptus gute Dienste. Einreibungen lindern rheumatische oder Nervenschmerzen.

Die Verträglichkeit

Bei der Teeanwendung sind kaum Nebenwirkungen zu befürchten. Das kräftig wirkende Eukalyptusöl jedoch darf innerlich nicht bei Bluthochdruck und Epilepsie angewendet werden. Auch bei Entzündungen im Bereich von Magen, Darm und Gallenblase sowie schweren Lebererkrankungen sollte man von einer innerlichen Verwendung absehen, da von gelegentlichen Reizerscheinungen mit Durchfall, Erbrechen und Übelkeit berichtet wird.

Bei einer beginnenden Erkältung kann ein warmes Vollbad mit Eukalyptus die Symptome lindern: 5 Tropfen Eukalyptus und 5 Tropfen Lavendel mit etwas Honig verrühren und in das Badewasser geben.

Gewürznelken haben nichts mit den bei uns heimischen Nelkengewächsen zu tun, sondern sind Blütenknospen eines immergrünen Baums, die in erster Linie aus Afrika importiert werden.

Gewürznelke

Der bis zu 20 Meter hohe Nelkenbaum, ein Myrtengewächs, wächst auf Madagaskar, den Molukken, in Malaysia und auf den Philippinen. Verwendet werden die getrockneten Blütenknospen und das aus Knospen, Blättern und Rinde gewonnene ätherische Öl.

Die Inhaltsstoffe
Nelken enthalten 15 bis 20 Prozent ätherisches Öl, etwa zehn Prozent Gerbstoffe, zehn Prozent fettes Öl sowie Flavonoide. Im Öl finden sich als wertbestimmende Bestandteile Eugenol (70 bis 80 Prozent) und Azeteugenol (10 bis 15 Prozent), außerdem Caryophyllen, Methylalkohol und Methylsalizylat.

Die Wirkung
Die Gewürznelkenessenz ist sehr stark antiseptisch und infektionshemmend, die einprozentige Lösung etwa drei- bis viermal so stark wie das chemische Desinfektionsmittel Phenol. Nelke wirkt keimtötend, auswurffördernd, verdauungskräftigend und tonisierend.

Schon im Mittelalter versprach man sich viel von der desinfizierenden Nelkenwirkung. Während Pest- und Cholera-epidemien trugen viele Ärzte Nelkenketten um den Hals oder kauten Nelken während ihrer Krankenbesuche.

Die Anwendungsgebiete

Am bekanntesten ist ihre Verwendung als Antiseptikum in der Zahn-heilkunde. Aber auch in Rheumasalben wird die entzündungswidrige Eigenschaft der Nelke genutzt. Gewürznelke verbessert die Verdau-ungstätigkeit und beugt Übelkeit und Sodbrennen vor. In Asien wird sie gegen Bauchschmerzen, Brechreiz und Durchfall eingesetzt.

Die Verträglichkeit

Nelkenöl wirkt sehr kräftig. Bei innerlicher Anwendung können sich schon bei Tagesdosierungen ab einem Gramm Vergiftungserschei-nungen zeigen. Auch allergische Reaktionen bei äußerlicher Anwen-dung kommen nicht selten vor.

Forschungen der Universität Gießen über Inhalationen mit Kamillenblütendampf bei Schnupfen und Nebenhöhlenkatarrh zeigten, dass Kamille die Bakteriengifte von Streptokokken und Staphylokokken unschädlich machen kann.

Kamille

Die in ganz Europa zu findende Heilpflanze gehört zur Gattung der Korbblütler. Es gibt verschiedene Arten: Wirkstoffreich ist die Echte oder Deutsche Kamille, etwas schwächer die Römische oder Edle Ka-mille aus den südlicheren Breiten. Beide enthalten das wertvolle Ka-millenblauöl mit Azulen. Im Unterschied dazu enthält die Hunds-kamille keine Wirkstoffe.

Die Inhaltsstoffe

Zu Heilzwecken werden die Blüten verwendet, die auch das entzün-dungshemmende Kamillenöl zu 0,6 bis 1 Prozent enthalten. Die wichtigsten Bestandteile des Öls sind das blaue Chamazulen (bis 15 Prozent), α-Bisabolol (bis 25 Prozent) sowie Bisabololoxide (bis 30 Prozent), Farnesen und Cumarine. Weitere Wirkstoffe sind die krampflösenden Flavonoide Apigenin, Luteolin und Querzetin sowie etwa zehn Prozent Schleimstoffe.

Die Wirkung

Zusammen mit Holunder und Pfefferminze gehört die Kamille zu den bekanntesten und beliebtesten Heilpflanzen unserer Heimat. Das kommt nicht von ungefähr, da sie über eine ganze Reihe hervorragender Heilwirkungen verfügt: entzündungslindernd und antibakteriell, mild beruhigend-krampflösend, antiallergisch, blähungslindernd. Die entzündungswidrige Kraft der Kamille kommt dabei der von Kortisonen nahe. Die Anwendung muss allerdings langfristig erfolgen. Kamillenöl hat auch eine nachgewiesenermaßen pilztötende Qualität.

Die Anwendungsgebiete

Die entzündungshemmende Kraft der Kamille kann man vielseitig nutzen: zur Linderung akuter Magen-Darm-Schleimhautentzündungen, Durchfall oder Gastritis, zur Spülung bei entzündeter Rachen- und Mundschleimhaut, zur Inhalation bei Schnupfen und Nasennebenhöhlenentzündung, äußerlich in Form von Umschlägen bei schlecht heilenden Wunden und Reizerscheinungen im Anal- und Vaginalbereich (Aftereinrisse, entzündete Hämorrhoiden) sowie bei allen Formen entzündlicher Hautkrankheiten. Erwiesen ist auch die heilende Wirkung starken Kamillentees bei Magengeschwüren. Ebenso lindert Kamille Magenkrämpfe, Blähungen, Magenverstimmung und Gärungszustände im Darm.

Aufgrund ihrer milden Wirkung eignet sich Kamille gut für die Kinderbehandlung. In der Frauenheilkunde macht man sich Kamille wegen ihrer beruhigenden und krampflösenden Eigenschaft zur Linderung von Menstruationsbeschwerden zunutze.

Die Verträglichkeit

Kamillentee sollte man nicht für Augenspülungen verwenden, da es zu Reizungen kommen kann. Kamille unterstützt die Menstruation und sollte aus diesem Grund innerlich nicht in den ersten Schwangerschaftswochen angewendet werden. Sehr selten treten nach der Anwendung von Kamille Allergien auf.

Knoblauch

Das Liliengewächs ist schon seit tausenden von Jahren als Heil- und Gewürzpflanze bekannt. Verwendet wird die Knolle bei der Zubereitung von Speisen, als Heilmittel sowie als Essenz.

Ätherisches Kamillenöl hat antiallergische und desensibilisierende Eigenschaften. Bei Allergien kann es helfen, einige Tropfen mit gleichen Teilen Zedern- und Rosenholzöl in einen Zerstäuber zu geben. Diese Mischung wird nachts oder tagsüber 2 bis 3 Stunden lang eingeatmet.

Militärärzte machten schon im Jahr 1915 die Erfahrung, dass durch Knoblauchgaben in vielen Fällen die zur damaligen Zeit auftretende Ruhr vermieden werden konnte.

Die Inhaltsstoffe

Neben Schwefelglykosiden (schwefelhaltige Benzylsenföle) enthält die Knoblauchzwiebel flüchtiges Öl mit Alliin, Allizin und Diallyldisulfid, die Vitamine A, B1, B2 und C und einige Mineralien und Spurenelemente wie Kalium, Schwefel, Jod, Selen und Silizium. Alliin wird beim Zerkleinern der Knolle durch Schneiden oder Pressen zu dem nicht wasserlöslichen Allizin, zu Allylsulfiden und Ajoen abgebaut. Dieses Allizin sowie Garlizin sind die antibiotischen Wirkstoffe im Knoblauch. Allizin, das dem Knoblauch auch seinen typischen Geruch gibt, ist zu etwa 0,3 Prozent enthalten.

Die Arbeiter der ägyptischen Pharaonen bekamen beim Pyramidenbau pro Tag eine Zehe Knoblauch, außerdem auch Zwiebel und Rettich zugeteilt – wegen der stärkenden und antiseptischen Eigenschaften.

Die Wirkung

Von den bekannten pflanzlichen Antibiotika gehört Knoblauch mit zu den am stärksten wirksamen. Am Beispiel des Knoblauchs ist auch die antibiotische Wirkung der Senföle ausführlich studiert worden. Knoblauch hilft gegen Streptokokken, auch hämolytische, gegen Typhus, Paratyphus und verschiedene Pilze und Viren. Vergleichende Untersuchungen mit Antibiotika zeigten eine bessere Wirkung des Knoblauchs gegenüber Kolibakterien und Staphylokokken. Allizin tötet Bakterien noch in einer Verdünnung von 1:125 000 ab. Die antibiotische Aktivität von einem Milligramm Allizin entspricht damit etwa 15 Einheiten Penizillin und ist damit stärker als die von Phenol. 1914, vor der Zeit der gegen Tuberkulose wirksamen Antibiotika, führte man am Metropolitan Hospital in New York eine Untersuchung an 1000 Patienten zur Wirksamkeit von 56 erprobten Behandlungsmethoden durch. Dabei schloss unter den pflanzlichen Behandlungsformen Knoblauch am besten ab.

Ein großer Vorteil der antibiotischen Wirkung von Knoblauch ist, dass Bakterien nicht resistent werden. Das gilt ebenso für die meisten anderen Heilpflanzen und ätherischen Öle mit antibiotischer Wirkung.

Die Anwendungsgebiete

Die Heilstoffe des Knoblauchs werden teils im Darm zerlegt, teils in den Körper aufgenommen und über Haut und Lunge ausgeschieden. Auf diese Weise entsteht auch die vielen Menschen nicht angenehme Knoblauchausdünstung. Sehr gut eignet sich Knoblauch in Form von Knoblauchsaft oder roh gegessen zur Vorbeugung bei Grippeepidemien. Knoblauchsaft wirkt aber nicht nur vorbeugend, sondern tatsächlich heilend bei akuten und chronischen Magen-Darm-Erkrankungen. Auch bei Bronchitis mit zähem Schleim bringt Knoblauch deutliche Erfolge. Knoblauch verfügt aber noch über eine ganze Reihe weiterer wichtiger Heilwirkungen: Er ist allgemein stärkend und anregend, blutdrucksenkend, harntreibend, cholesterinsenkend, magen- und verdauungsstärkend, gefäßerweiternd, blutgerinnungshemmend, krampflindernd und blähungstreibend.

Knoblauch verhindert ein schnelles Altern der Gefäße. Äußerlich angewendet wirkt er schmerzlindernd, auflösend und durchblutungsfördernd, was z. B. bei rheumatischen Beschwerden hilfreich ist.

Die antiseptische Kraft des Knoblauchs erstreckt sich besonders auf Darm und Lunge. Wichtig allerdings ist, dass der antimikrobielle Effekt des Knoblauchs bei längerem Erhitzen größtenteils verloren geht! Um seine antibiotische Kraft zu nutzen, muss man ihn daher frisch oder in Form von Presssaft genießen. Zwei- bis dreimal täglich eine Zehe roher Knoblauch wäre eine angemessene Dosierung.

Nicht jeder möchte seine Gesundheitsvorsorge schon bei der Begrüßung preisgeben: Inzwischen gibt es im Handel Dragees ohne Knoblauchgeruch, die ähnliche heilende und vorbeugende Eigenschaften haben wie frischer Knoblauch. Knoblauchpulver sollten Sie dagegen meiden. Laut jüngeren Untersuchungen enthält es weniger Ajoen als Kapseln oder frischer Knoblauch.

Die Verträglichkeit von Knoblauch

▶ Knoblauch ist im Allgemeinen gut verträglich und kann ohne Angst vor gefährlichen Nebenwirkungen gegessen werden.

▶ Der Genuss größerer Mengen Knoblauch oder Knoblauchsaft kann Schleimhautreizungen von Magen und Darm auslösen.

▶ Menschen mit Hautleiden und Flechten oder mit chronischen Magen- und Darmreizungen vertragen Knoblauch schlecht.

▶ Auch bei starkem und trockenem Husten und Fieber sollte man Knoblauch meiden.

▶ Bei akuten Lungen- und Verdauungsproblemen sollte Knoblauch nicht angewendet werden, da er recht heftig wirkt.

▶ Stillende Mütter sollten mit Knoblauch generell sehr maßvoll umgehen, da dieser über die Milch bei den Säuglingen Blähungen auslösen kann.

▶ Knoblauch hat eine allgemein scharfe, erhitzende Wirkung. Wenn jemand ohnehin hitzig und cholerisch veranlagt ist, kann sich diese Neigung verstärken – und damit auch sein Ungleichgewicht.

Bereits in der Antike war bekannt, dass Lavendel nicht nur fein duftet, sondern auch über medizinische Heilkräfte verfügt: Man schätzte besonders seine beruhigende und desinfizierende Wirkung.

Lavendel

Der Lippenblütler aus dem südlichen und mittleren Europa ist eine wichtige Heilpflanze. Besonders in Frankreich gilt Lavendel als eine der bedeutendsten Heilpflanzen überhaupt. Besonders gefragt ist der in der französischen Provence wachsende Lavendel.

Die heilende Wirkung des Lavendels bei Schlangenbissen wird speziell auch von Jägern geschätzt: Wenn ihre Hunde von Vipern gebissen werden, pflücken sie Lavendel, zerreiben ihn zwischen den Fingern und betupfen mit dem gewonnenen Saft die Bisswunde.

Die Inhaltsstoffe
Arzneilich verwendet werden die Blüten, die zu ein bis drei Prozent ätherisches Öl, etwa zwölf Prozent Lamiaceengerbstoffe, Saponine und die Cumarine Umbelliferon und Herniarin enthalten. In dem Öl findet man das wertbestimmende Linylazetat (30 bis 50 Prozent) sowie Linalool, Borneol, Cineol, Campher und andere Stoffe.

Die Wirkung
Lavendel wirkt antiseptisch, krampflösend-beruhigend, schmerzlösend, beruhigend auf Herz, Gehirn und vegetatives Nervensystem, gallefördernd, harntreibend, schweißtreibend, entgiftend, blutdrucksenkend, verdauungsfördernd und wundheilend. Wichtig sind seine

antiseptischen sowie beruhigend-ausgleichenden Eigenschaften bei nervöser Unruhe, Schlaflosigkeit und nervösen Herzstörungen. In einer Verdünnung von 0,2 Prozent vernichtet Lavendelessenz den Tuberkuloseerreger, in fünfprozentiger Verdünnung Typhuserreger und Diphtheriebakterien.

Die Anwendungsgebiete

Die antiseptische Kraft von Lavendel kann man innerlich und äußerlich nutzen. Sie entfaltet sich besonders gut in der Lunge. Bei Atemwegsinfekten kann man Lavendel daher sowohl innerlich als auch gemischt mit anderen Heilpflanzen äußerlich zur Einreibung und Inhalation verwenden. Lavendeltee und -öl lindern auch Hautentzündungen, Verbrennungen und Ekzeme sowie möglicherweise auch Akne und Psoriasis.

Die Verträglichkeit

Selten wird von allergischen Reaktionen auf Lavendel berichtet. Empfindliche Menschen reagieren auf den Geruch manchmal mit Kopfweh. Lavendel fördert die Menstruation und sollte daher nicht in der Schwangerschaft angewendet werden. Menschen, die unter niedrigem Blutdruck leiden, werden nicht selten aufgrund der entspannenden Wirkung des Lavendels schläfrig und müde.
Höhere Dosierungen des Öls können zu Magen- und Darmreizungen führen, auch zu Benommenheit und Bewusstseinsstörungen.

Salbei

Wie so viele andere wichtige, auch als Gewürz verwendete Heilkräuter stammt der Lippenblütler Salbei aus dem Mittelmeerraum.

Die Inhaltsstoffe

Medizinisch verwendet werden die Blätter, die etwa zwei Prozent ätherisches Öl, Harz, Flavonoide, Gerb- und Bitterstoffe enthalten. Im Öl findet man das wertbestimmende Thujon sowie Cineol, Borneol, Campher und Bornylazetat.

Gurgeln mit Salbeitee ist eines der besten pflanzlichen Mittel bei Entzündungen im Mund- und Rachenraum, bei Aphthen und Geschwüren der Mundhöhle. Auch die Beschwerden nach Insektenstichen kann man lindern, wenn man den Stich mit zerriebenen Salbeiblättern einreibt.

Die Wirkung

Salbei ist eine äußerst wirksame Heilpflanze. Auch seine antiseptische Kraft ist schon seit langem bekannt. Früher wurden daher in Räumen, in denen Schwerkranke lagen, Salbeiblätter zur Desinfizierung verbrannt. Salbei ist außerdem pilzbekämpfend, entzündungswidrig, drüsenregulierend, abwehranregend, kräftigend, schweißhemmend und wundheilend. Der Gerbstoffgehalt des Salbeis erklärt seine günstige Wirkung bei Durchfall.

Die Anwendungsgebiete

Der Tee wird zur allgemeinen Stärkung, zur Schweißhemmung sowie in seiner antiseptischen Eigenschaft als Gurgel- und Spülmittel, für Spülungen bei Weißfluss, bei schlecht heilenden Wunden, bei Insektenstichen und Hautkrankheiten verwendet.

Die Verträglichkeit

Salbeiöl hat eine starke Wirkung auf das zentrale Nervensystem. Schon geringe Mengen wirken toxisch. Der Tee sollte nicht dauerhaft getrunken werden, gar nicht in der Schwangerschaft und Stillzeit.

Quendel (Thymian) nannte man früher auch das Antibiotikum der armen Leute. Den Ameisen ist die antibiotische Eigenschaft des wild wachsenden Thymians ebenfalls bekannt: Sie pflanzen das Kraut auf ihren Bauten an, um den Ameisenstaat vor Bakterien- und Virenbefall zu schützen.

Thymian

Der Lippenblütler aus dem Mittelmeerraum ist eine viel genutzte Heil- und Würzpflanze. Unterscheiden muss man den Thymus vulgaris (Gartenthymian oder Echter Thymian) vom Thymus serpyllum (Quendel, Feld- oder Bergthymian, Deutscher Thymian). Beide Pflanzen ähneln sich in Inhaltsstoffen und Wirkungsweise und werden in gleicher Weise verwendet. Der Deutsche Thymian enthält weniger und schwächer antibiotisch wirkendes ätherisches Öl.

Die Inhaltsstoffe

Zur Anwendung kommt das blühende Kraut des Thymians, das mindestens 1,2 Prozent ätherisches Öl, Gerb- und Bitterstoffe sowie Saponine enthält. Das ätherische Öl besteht bis zu 50 Prozent aus Thymol, außerdem aus Carvacrol, Cymol, Borneol, Geraniol, Linalool,

Pinen und Cymen. Hauptbestandteile des Thymianöls sind Thymol und Carvacrol, des Quendelöls Linalool und Cymol. Zu Heilzwecken kann man den wässrigen Auszug oder das ätherische Öl beider Pflanzen gleichermaßen gut verwenden.

Die Wirkung

Thymian wirkt allgemein anregend und kräftigend, krampflösend, nervenstärkend, appetit- und verdauungsanregend, blutdruckerhöhend und desinfizierend-antiseptisch – diese Eigenschaft erstreckt sich besonders auf Darm, Lunge, Harntrakt und Genitalien. Thymian gehört zu den wichtigsten antiseptisch wirksamen, bakterien- und giftbekämpfenden pflanzlichen Heilmitteln.

Thymianöl wirkt aufgrund seines Thymol/Carvacrolgehalts noch in einer Konzentration von 1:3000 hemmend auf die meisten Wundbakterien. Sogar Zahnpasten, die Thymian in verdünnter Lösung zu 0,10 Prozent enthalten, zerstören die Mikroben in der Mundhöhle innerhalb von drei Minuten.

Neue Forschungen belegen, dass die ätherischen Öle von Thymian, Lavendel, Bergamotte, Kamille und Zitrone die Bildung weißer Blutkörperchen fördern. Thymian stimuliert also auch unser körpereigenes Immunsystem bei den verschiedensten Infektionen.

Die Anwendungsgebiete

Auf Lunge und Bronchien, Magen und Darm wirkt Thymian desinfizierend und krampflösend. Erkältungen und andere Atemwegsbeschwerden, besonders aber Krampfhusten und Keuchhusten, lassen sich mit Thymian lindern. Gärungserscheinungen im Darm mit Krämpfen und übel riechenden dünnen Stühlen werden normalisiert, Magen- und Darmschleimhaut beruhigt.

Thymiantee (1 Teelöffel Kraut auf 1/4 Liter Wasser) hilft auch äußerlich bei Wunden in Form von Umschlägen.

Die Verträglichkeit

Überdosierungen können bei dazu veranlagten Personen eine Überfunktion der Schilddrüse auslösen. Dies kann auch bei häufiger Verwendung von Zahnpasten geschehen, denen Thymol zugesetzt wurde. Ab einer Menge von sechs Gramm wirkt Thymol toxisch. Thymian sollte man daher nicht in der Schwangerschaft und bei Bluthochdruck verwenden.

Zitrone

Der Zitronenbaum ist ein aus Ostasien stammendes Rautengewächs. Medizinisch verwendet werden Frucht und Schale mit ihren wertvollen Inhaltsstoffen.

Auch der frische Presssaft der Zitrone hat wertvolle Eigenschaften: Er wirkt antiseptisch (keimtötend) und diuretisch (entwässernd und damit krankheitserregende Bakterien ausschwemmend). Ideal ist auch, das Fruchtfleisch mitzuessen, weil die darin enthaltenen pflanzeneigenen Schutzstoffe die Wirkung von Vitamin C wesentlich erhöhen.

Die Inhaltsstoffe

Neben Vitamin C und Vitaminen der B-Gruppe enthält die Frucht Mineral- und Spurenelemente – Kalzium, Eisen, Mangan, Kupfer, Silizium sowie Fruchtsäuren. Die Fruchtschale enthält Provitamin A, Hesperidin, verschiedene Flavonglykoside sowie etwa 0,5 Prozent ätherisches Öl. Wichtige Bestandteile des Öls sind Limonen (90 Prozent), Citral, Citronellal, Pinen, Phellandren, Camphen und Linalool.

Die Wirkung

Die Zitrone ist eine bakterienbekämpfende, antiseptisch wirksame Frucht, die zudem die weißen Blutkörperchen aktiviert. Verdampfte Zitronenessenz zerstört den Meningokokkus, einen der möglichen Auslöser von Gehirnhautentzündung, und hämolytische Streptokokken. Die reine Essenz vernichtet die Diphtheriebakterie.

Die weltweit größten Zitronenanbaugebiete sind heute Spanien, Italien, Griechenland und der Westen der USA. Damit ist sichergestellt, dass Zitronen das ganze Jahr über in guter Qualität erhältlich sind.

Die Anwendungsgebiete

Die Zitrone verfügt noch über weitere Heilwirkungen: Sie erfrischt allgemein, senkt Fieber und Blutdruck, stärkt Nervensystem, Herz und Venen und bekämpft rheumatische Beschwerden und Sklerose.

Die Verträglichkeit

Zitronenöl kann wie alle ätherischen Öle empfindliche Haut reizen. Das gilt auch für den Saft. Zitrone im Übermaß genossen, steigert möglicherweise das Phlegma.

Zwiebel

Das Liliengewächs wurde aus Zentralasien kommend bei uns eingebürgert. Der Wert dieser allseits verwendeten und beliebten Pflanze dürfte allgemein bekannt sein.

Die Inhaltsstoffe

Medizinisch verwendet wird die Zwiebel, die zu etwa 0,01 Prozent ätherisches Öl enthält, vor allem aus Alliin, Allizin und Polysulfiden bestehend. Der tränenreizende Stoff ist das Propanthialoxid. Die Zwiebel enthält auch eine ganze Reihe an Vitaminen (A, B, C), Mineralien und Spurenelementen (Natrium, Kalium, Kalzium, Eisen, Schwefel, Jod, Silizium). Flavonoide findet man in der Schale.

Die Wirkung

Zwiebeln sind harntreibend, verdauungs- und appetitanregend, blutzuckersenkend (durch so genannte Glukokinine), schleimlösend, antiallergisch, infektionsbekämpfend und antiseptisch.

Die Anwendungsgebiete

Zwiebeln helfen, zu hohen Blutdruck und erhöhtes Cholesterin im Blut zu senken, und verhüten Arteriosklerose. Sie helfen bei Bronchitis, Asthma und Störungen der Verdauungsorgane, Nieren und Blase. Rohe Zwiebel wirkt besonders auf die Harnwege, die gekochte auf den Verdauungstrakt.

Rohe Zwiebeln sollte man immer gleich verwenden, bevor die beginnende Zersetzung die Qualität der Inhaltsstoffe vermindert. Um nach Zwiebelgenuss keinen übel riechenden Atem zu haben, kauen Sie am besten einen Apfel, zwei bis drei Kaffeebohnen oder einige Petersilienblätter.

Heilpflanzen mit ätherischen Ölen

Pflanze	Wirkung	Anwendung	Verträglichkeit
Anisfrüchte	Antibakteriell, krampflösend, auswurffördernd	Bei Verdauungsstörungen und Katarrhen der Luftwege	Allergien möglich
Arnikablüten	Antiseptisch, entzündungshemmend, schmerzlindernd	Bei Verletzungen und Wunden, Schleimhautentzündungen, Furunkeln, Venenentzündung	Allergien möglich, nicht innerlich anwenden
Bärlauch	Leicht antibiotisch, fäulniswidrig, blutdrucksenkend, antisklerotisch, verdauungsfördernd	Anwendung wie Knoblauch, besser frisch verwenden	Magenreizung möglich
Bohnenkraut	Antiseptisch (besonders Bergbohnenkraut), fäulniswidrig, verdauungsfördernd, allgemein anregend	Bei Blähungen, Krämpfen, Verdauungsstörungen	Gut
Brunnenkresse	Leicht antibiotisch, schleimlösend, stoffwechselanregend, abwehranregend, harntreibend	Als Saft oder frisch zur Kostergänzung in Suppen und Salaten	Nicht in der Schwangerschaft! Zuweilen magenreizend
Eukalyptusblätter	Antiseptisch, desinfizierend, auswurffördernd, fiebersenkend	Bei Atemwegsinfekten zur Inhalation und Einreibung	Selten Allergien möglich
Fenchelfrüchte	Leicht antibiotisch, blähungswidrig, krampflösend, verdauungsfördernd, auswurffördernd	Bei Verdauungsstörungen und begleitend bei Infekten der Atemwege	Allergien möglich
Fichtenspitzen	Antibakteriell, schleimlösend, kräftigend, durchblutungsfördernd	Bei Katarrhen der Atemwege	Gut
Galgantwurzel	Antibakteriell, entzündungshemmend, blähungswidrig	Bei Verdauungsstörungen, Appetitlosigkeit	Gut
Gewürznelkenblüten	Antiseptisch, antibakteriell, antifungal, antiviral, krampflösend, auswurffördernd, verdauungskräftigend, örtlich betäubend	Bei Entzündungen im Mund- und Rachenraum, zur örtlichen Betäubung, zur Verdauungsanregung	Gut
Ingwerwurzel	Antiseptisch, verdauungsfördernd, blähungswidrig, durchblutungsfördernd	Bei Verdauungsschwäche, Erschöpfung, Reisekrankheit	Nicht bei Magenreizung und Gallenblasenleiden
Kamillenblüten	Antibakteriell, bakteriengifthemmend, wundheilungsfördernd, entzündungshemmend, krampflösend, beruhigend, hautstoffwechselanregend	Bei Haut- und Schleimhautentzündungen, Krankheiten der Atemwege, des Anal- und Genitalbereichs, des Magen-Darm-Trakts	Gut
Kapuzinerkresse	Leicht antibakteriell, antiviral, antimykotisch	Bei leichteren Infekten der Atem- und Harnwege, äußerlich bei Prellungen und Muskelschmerzen	Nicht in der Schwangerschaft! Magenreizung möglich

Heilpflanzen mit ätherischen Ölen

Pflanze	Wirkung	Anwendung	Verträglichkeit
Kiefernsprossen	Antiseptisch, schleimlösend, kräftigend, durchblutungsfördernd	Bei Katarrhen der Atemwege, äußerlich bei Muskel- und Nervenschmerzen	Gut
Knoblauchzwiebel	Antibakteriell, antimykotisch, schleimlösend, blähungstreibend, blutfettsenkend, blutgerinnungsverlängernd, durchblutungsfördernd	Zur Arteriosklerosevorbeugung, bei erhöhten Blutfettwerten, zur Verdauungsanregung, bei Husten und Erkältung	Gut
Kümmelfrüchte	Antimikrobiell, krampflösend, kräftigend, blähungswidrig	Bei Verdauungsbeschwerden, Blähungen, Magen-Darm-Krämpfen, Völlegefühl	Gut
Lavendelblüten	Leicht antibakteriell, entzündungslindernd, beruhigend, krampflösend, verdauungsfördernd	Bei nervösen Beschwerden des Darms und Magens, bei Einschlafstörungen und Unruhe, zur Entzündungslinderung von Haut und Schleimhäuten	Gut
Majoran	Antiseptisch, verdauungsfördernd, krampflösend, beruhigend	Bei leichten Infekten und zur Verdauungsförderung	Gut
Melissenblätter	Antibakteriell, antiviral, beruhigend, krampflösend	Bei nervösen Einschlafstörungen und Magen-Darm-Beschwerden	Gut
Meerrettichwurzel	Antibiotisch, verdauungsanregend, harntreibend, auswurffördernd	Bei Bronchitis, Harnwegsinfekten, Darmerkrankungen	Nicht bei empfindlichem Magen, Magengeschwüren, Blasen- und Nierenentzündungen
Myrrhe	Desinfizierend, antiviral, antimykotisch, zusammenziehend, entzündungslindernd, auswurffördernd	Bei Entzündungen von Haut, Mund und Rachen	Gut
Oregano	Antibakteriell, desinfizierend, verdauungsfördernd, krampflösend, kräftigend	Bei Verdauungsstörungen, Erkältung, Mund- und Rachenentzündung	Gut
Pfefferminzblätter	Antiseptisch, antiviral, antimykotisch, verdauungsanregend, brechreizlindernd	Bei Magen-Darm-Störungen, Gallenblasenleiden, Übelkeit	Bei Gallenblasen- und Leberleiden in ärztlicher Absprache
Quendelkraut	Antimikrobiell, krampflösend, verdauungsanregend	Bei Katarrhen der Luftwege	Gut
Rettich	Antimikrobiell, sekretionsfördernd, auswurffördernd, galletreibend, verdauungsanregend	Bei Verdauungsbeschwerden, Katarrhen der Atemwege	Magen- und Darmreizung möglich
Ringelblumenblüten	Entzündungshemmend, wundheilend, lymphanregend, harntreibend	Bei Wunden und Verletzungen, bei Entzündungen im Mund- und Rachenraum, unterstützend bei Infekten	Selten Allergien möglich

Heilpflanzen mit ätherischen Ölen

Pflanze	Wirkung	Anwendung	Verträglichkeit
Rosmarinblätter	Allgemein kräftigend und anregend, blähungslindernd	Zur Verdauungsförderung und Kräftigung, bei niedrigem Blutdruck	Nicht in der Schwangerschaft und bei hohem Blutdruck
Salbeiblätter	Antibakteriell, fungistatisch, virustatisch, kräftigend, schweißhemmend, abwehranregend	Bei Entzündungen im Mund- und Rachenraum, bei Erkältung und Grippe, zur Kräftigung	Nicht in der Schwangerschaft!
Schafgarbenkraut	Antibakteriell, entzündungswidrig, wundheilend, harntreibend, blutstillend, krampflösend	Bei Verdauungsstörungen und Magen-Darm-Krämpfen, zur Wundheilung	Allergien möglich
Senf, schwarzer	Antibakteriell, antiviral, antimykotisch, durchblutungsfördernd	Bei chronischer Erkältung, Rheuma- und Ischiasbeschwerden	Magenreizung möglich
Thymiankraut	Antibakteriell, desinfizierend, krampflösend, auswurffördernd, kräftigend	Bei Katarrhen der Atemwege, des Magens und Darms, bei Asthma, Verdauungsstörungen, zur Abwehranregung und Kräftigung	Nicht bei hohem Blutdruck und in der Schwangerschaft
Wacholderbeeren	Desinfizierend, krampflösend, entwässernd, stoffwechselanregend	Bei Verdauungsbeschwerden, zur Anregung der Harnausscheidung und allgemeinen Kräftigung, zur Abwehranregung	Nicht in der Schwangerschaft! Reizungen von Magen, Darm und Nieren möglich
Weißkohl	Durchblutungsfördernd, wundheilend, schleimlösend	Der Presssaft bei Magen- und Zwölffingerdarmgeschwüren, als Auflage zur Wundheilung, bei Arthritis und Bronchitis	Hautreizung möglich
Zimtrinde	Antibakteriell, antiviral, fungistatisch, allgemein anregend, speziell verdauungsanregend	Bei Verdauungsbeschwerden, Blähungen, Völlegefühl, allgemeiner Schwäche	Nicht in der Schwangerschaft! Allergien möglich
Zwiebelwurzel	Antiseptisch, blutdrucksenkend, verdauungsanregend, harntreibend, schleimlösend, blutgerinnungshemmend	Zur Arteriosklerosevorbeugung, Verdauungsförderung, bei Schnupfen und Bronchitis	Gut
Ysopkraut	Entzündungshemmend, schleimlösend, auswurffördernd, allgemein anregend, blutdrucksteigernd	Bei Husten und Erkältung	Nicht in der Schwangerschaft und bei Bluthochdruck
Zitronenschalen und -frucht	Antiseptisch, antibakteriell, abwehranregend, kühlend, blutdrucksenkend, stärkend und verdauungsanregend (Schale)	Zur Erfrischung und Kräftigung, bei Fieber, Erbrechen und Übelkeit	Gut

Heilpflanzen mit anderen Wirkstoffen

Pflanze	Wirkung	Anwendung	Verträglichkeit
Augentrostkraut	Entzündungswidrig, abwehrsteigernd, schmerzlindernd	Bei Entzündungen des Auges, Erkältung, Heuschnupfen	Gut
Bärentraubenblätter	Antibiotisch, entzündungshemmend, harntreibend	Bei Harnwegs- und Blasenentzündungen	Nicht in der Schwangerschaft! Nicht für Kinder unter 12 Jahren geeignet, Magenschmerzen möglich, besonders nach Überdosierung
Blutwurz (Tormentill)	Antibakteriell, zusammenziehend, blutstillend	Bei Durchfall, chronischen Mund- und Rachenentzündungen	Magenreizung möglich
Efeublätter	Leicht antibiotisch und antimykotisch, krampflösend	Bei Bronchitis, Asthma, Keuchhusten, Hautunreinheiten	Gut
Eichenrinde	Zusammenziehend, entzündungslindernd	Bei Durchfall, Hautentzündungen, Ekzemen, Hämorrhoidalleiden	Gut
Hamamelisrinde	Zusammenziehend, blutstillend, entzündungslindernd	Bei Hautentzündungen, Ekzemen, Venenentzündungen, Wunden, Hämorrhoidalleiden und bei Durchfall	Gut
Holunderblüten	Abwehrsteigernd, harn- und schweißtreibend	Bei Erkältung, Grippe, rheumatischen Beschwerden	Gut
Lindenblüten	Abwehrsteigernd, schweiß- und harntreibend, krampflösend, schmerzlindernd	Bei Erkältung, Grippe, rheumatischen Beschwerden	Gut
Mädesüßblüten und -kraut	Entzündungshemmend, fiebersenkend, zusammenziehend, leicht schmerzlindernd	Bei Erkältungskrankheiten und rheumatischen Beschwerden	Magenreizung möglich
Preiselbeerblätter	Antibiotisch, entzündungshemmend, harntreibend	Bei Harnwegs- und Blasenentzündungen	Selten Magenreizung möglich
Sonnenhutkraut und -wurzel	Antibiotisch, das Immunsystem stimulierend, wundheilend	Zur Abwehrsteigerung (auch prophylaktisch), zur Wundheilung	Nicht bei hohem Fieber, Krankheiten des Lymphsystems und Krebserkrankungen
Spitzwegerich	Leicht antibiotisch wirksam, reizmildernd, schleimlösend, auswurffördernd	Bei Erkältung und Bronchitis	Gut
Weidenrinde	Desinfizierend, entzündungshemmend, fiebersenkend, schmerzlindernd, schweiß- und harntreibend	Bei Erkältung, Grippe, rheumatischen Beschwerden, Kopfschmerzen	Nicht in der Schwangerschaft! Magenreizung möglich

Vorbeugen und heilen von A bis Z

Nutzen Sie das breite Wirkungsspektrum von Heilpflanzen!

Dieses Kapitel konzentriert sich bei den beschriebenen Pflanzen und Rezepten auf besonders bewährte und wirksame, so dass dem Laien ein Instrumentarium an die Hand gegeben wird, mit dessen Hilfe er sich selbst rasch helfen kann. Voraussetzung natürlich ist das genaue Befolgen der hier gegebenen Anleitungen.

Hier helfen pflanzliche Antibiotika

Hauptanwendungsgebiete der antimikrobiellen Wirkung von Heilpflanzen im Rahmen der Selbstanwendung sind einfache Infekte:
▶ Infekte der Atemwege (und krampflösende, schleimlösende oder reizlindernde Wirkung, je nach Notwendigkeit)
▶ Infekte der Haut, beispielsweise durch Herpesviren
▶ Infekte des Magen-Darm-Trakts (und krampflösende Wirkung)
▶ Infekte der Harnwege (und harntreibende Wirkung)
In allen Rezepten sind die geeigneten Zubereitungen und Dosierungen angegeben, sowohl für die Verwendung ganzer Pflanzen oder Pflanzenteile als auch für die Verwendung ätherischer Öle. Speziell die innerliche Einnahme ätherischer Öle sollte nur in genauer Absprache mit einem in der Aromatherapie erfahrenen Arzt oder Heilpraktiker erfolgen.

Stellen Sie sich aus den zahlreichen Rezepturen das für Sie passende Programm gegen die jeweiligen Beschwerden zusammen, z. B. eine Inhalation, eine Einreibung, ein Tee und Tropfen oder Sirup. Machen Sie nicht zu viel auf einmal!

Abszess

Ein Abszess ist eine von Bakterien (meist Staphylokokken und Streptokokken) verursachte Entzündung, bei der Gewebe zerstört wird, so dass eine Höhle entsteht, die sich mit Eiter füllt. Es kommt dabei zu schmerzhaften Verdickungen und Rötungen.

Allgemeine Maßnahmen

Solange die Entzündung noch nicht sehr stark ist, gibt es naturheil-
kundliche Möglichkeiten, um die Entzündung zu lindern und das Rei-
fen des Abszesses zu beschleunigen. Bei der Entzündungslinderung
eines bereits offenen Abszesses ist ein keimfreier Wundverband an-
zulegen. Verwenden Sie dafür grundsätzlich nur abgekochtes oder
destilliertes Wasser.

Umschläge

▶ Entzündungslindernd mit Arnikatinktur
Anwendung: Geben Sie 1 Esslöffel in 1/4 Liter kaltes, zuvor abge-
kochtes Wasser. Mehrmals täglich damit Umschläge durchführen.
▶ Entzündungshemmend mit Thymianöl
Anwendung: Geben Sie 5 Tropfen in 1 Tasse lauwarmes, zuvor abge-
kochtes Wasser, und betupfen Sie die betreffende Körperstelle mit ei-
ner in die Flüssigkeit getauchten Kompresse. Wenn Sie es vertragen,
können Sie auch 1 Tropfen Thymian- oder Lavendelöl direkt auf den
Abszess geben. Thymian kann zuweilen zu sehr reizen.
▶ Mild, aber effektiv entzündungsbekämpfend mit Kamille
Anwendung: 3 bis 4 Teelöffel starker Kamillentee als Aufguss oder
1 Teelöffel Kamillentinktur pro 1/4 Liter Wasser.

Auflagen

▶ Mit gemahlenem Leinsamen
Anwendung: 100 Gramm Samen in 1/2 Liter Wasser 4 Minuten lang
bei geringer Hitze kochen lassen. Bei trockener Haut 1 Teelöffel Oli-
venöl unterrühren. Dann in ein Leinensäckchen geben oder in ein
Leinentuch einschlagen. Mehrmals täglich etwa 20 Minuten lang ei-
nen gut warmen Umschlag durchführen, bis sich der Abszess öffnet.
▶ Mit Bockshornklee
Anwendung: 1 Esslöffel gemahlene Bockshornkleesamen mit abge-
kochtem Wasser zu einem dicken Brei verrühren. Den Brei auf ein
Leinen- oder Mulltuch auftragen und warm auflegen. Mehrmals täglich 20 Minuten lang als Umschlag anwenden. Selten kommt es bei
Bockshornkleeauflagen zu allergischen Hautreizungen.

> Eine einfache naturheil-
> kundliche Maßnahme,
> um das Reifen eines
> Abszesses zu beschleu-
> nigen, ist auch die
> Auflage einer ohne
> Wasser im Ofen ge-
> backenen, aber nicht
> mehr ganz heißen
> Zwiebel.

Abwehrschwäche

Das Immunsystem mit seinen Abwehrzellen schützt uns vor ungebetenen Eindringlingen wie Bakterien, Viren und Pilzen und verschiedensten Giftstoffen. Es entsorgt auch so genannte freie Radikale, das sind aggressive Substanzen, die während der normalen Stoffwechselprozesse unseres Körpers entstehen. Viele Menschen sind heutzutage anfällig für Infektionen oder leiden an chronischen Erschöpfungszuständen – Ausdruck einer Schwächung ihres Immunsystems. Die Ursachen dürften im Zusammenhang mit einer ständigen Überbelastung zu suchen sein – durch den immer höher werdenden Reizpegel, in dem die Mehrzahl der Menschen sich bewegt.

Eine einfache Schwächung des Abwehrsystems erkennt man daran, dass Infektionen wie Erkältungen, Grippe und Pilzbefall wiederholt auftreten und nur schwer ausheilen. Gleichzeitig kommt es zu einem allgemeinem Schwächegefühl bis hin zur Erschöpfung.

Überall dort, wo unser Körper Kontakt mit der Außenwelt hat, also an Haut und Schleimhäuten, sind wir besonders anfällig für Infektionen. Daher sind die Schutzmechanismen unseres Immunsystems dort auch besonders ausgeprägt.

Allgemeine Maßnahmen

Vermuten Sie, dass Ihr Immunsystem geschwächt ist, sollten Sie sich in die therapeutischen Hände eines erfahrenen Arztes oder Heilpraktikers begeben, der eine für Sie zugeschnittene Therapie verordnen wird. Durch Bewegung an der frischen Luft und vitalstoffreiche Ernährung können Sie dies unterstützen. Eine ganze Reihe von Heilpflanzen ist nicht nur direkt antibiotisch wirksam, sondern kräftigt den Körper, auch unser Immunsystem.

Heiltees

▶ Mit Sonnenhut, Wermut und Pfefferminze zu gleichen Teilen
Anwendung: Übergießen Sie 2 Teelöffel der Mischung mit 1/4 Liter kochendem Wasser. 10 Minuten lang ziehen lassen und 2 Wochen lang 2 bis 3 Tassen täglich vor dem Essen trinken.
▶ Mit Thymian- oder Quendelkraut
Anwendung: Übergießen Sie 2 Teelöffel des Krauts mit 1/4 Liter Wasser, bis zum Sieden erhitzen und dann 10 Minuten lang ziehen lassen. 2 Wochen lang 3 Tassen täglich trinken.

▶ Mit Lindenblüten

Anwendung: Übergießen Sie 2 Teelöffel mit 1/4 Liter kochendem Wasser, 10 Minuten lang ziehen lassen und 2 Tassen täglich trinken. Vorbeugend in den Übergangszeiten Frühjahr und Herbst kurmäßig 3 Wochen lang anwenden.

Knoblauchtinktur

Zur Kräftigung und als Infektionsschutz eignet sich Knoblauchtinktur, die man zur Erkältungsvorbeugung, als Antiseptikum, zur Gefäßerweiterung und Senkung von zu hohem Blutdruck, auch bei Sklerose, rheumatischen Beschwerden und Asthma verwenden kann.

Anwendung: 250 Gramm Knoblauchzehen abziehen und klein schneiden und 14 Tage lang bei Zimmertemperatur in 1 Liter 70-prozentigen Alkohol legen. Häufig schütteln. Nach 14 Tagen auspressen, abfiltern und zur Aufbewahrung in eine dunkle, gut verschließbare Flasche geben. Diese Tinktur ist 1 Jahr lang haltbar. Zur Erkältungsvorbeugung 3-mal 10 Tropfen vor den Mahlzeiten einnehmen. 30 Tropfen sind auch die empfohlene Tageshöchstdosis.

Ernährungstipps

▶ Kräftigende, abwehrsteigernde Knoblauchsuppe

Zubereitung: 6 große Knoblauchzehen in ein wenig Olivenöl erhitzen, bis sie glasig (nicht braun) sind. 3/4 Liter kräftige Fleischbrühe darüber gießen und kurz aufkochen lassen. Topf vom Herd nehmen und mit einem Schneebesen 2 Eiweiße dazurühren. Die 2 Eigelbe mit 2 Esslöffeln Obstessig verquirlen und der Suppe beigeben. Die Suppe mit Pfeffer und Salz abschmecken und kurz vor dem Servieren noch etwas Basilikum, Thymian, Dill oder Kerbel zugeben. Mit gerösteten Schwarzbrotstückchen servieren.

▶ Den gleichen Zweck erfüllen auch 2 rohe Zehen Knoblauch, beispielsweise auf Brot gegessen.

▶ Abwehrstärkender Kressetrunk

Anwendung: 1 Esslöffel Brunnenkressefrischsaft im Verhältnis 1:5 mit Buttermilch oder Mineralwasser verdünnt 1 Woche lang trinken. Brunnenkresse kann bei empfindlichen Personen den Magen reizen.

Thymiantee hilft auch bei Schnupfen, Bronchitis, Keuchhusten, Heiserkeit, Grippe, Erkältung, Asthma, Entzündungen der Harnwege, Bauchschmerzen und Darminfekten, allgemein bei allen auf Schwäche und Unterkühlung zurückzuführenden Krankheiten.

Akne

Akne ist eines der unangenehmsten Hautleiden, besonders junger Menschen in der Pubertät. Vor allem das Gesicht, aber auch Brust, Rücken oder Schultern können betroffen sein.

Bei Akne entzünden sich verstopfte Talgdrüsengänge und Haarfollikel, die eitrige Pusteln (Pickel) bilden und aufgehen, sobald sie reif sind, ihren Inhalt entleeren und dann in der Regel narbenlos abheilen. Die Entstehung von Akne ist meist mit den hormonellen Umstellungen in der Pubertät verbunden.

In späteren Jahren kann Akne auch durch seelische Probleme, Stoffwechselstörungen, falsche Ernährung, unzureichende Funktion der Verdauungsorgane und Lebensmittelunverträglichkeiten verursacht werden.

Allgemeine Maßnahmen

Auf strikte Sauberkeit achten: Drücken Sie die Pusteln nicht mit schmutzigen Fingern aus, sondern mit sauberen Händen, nach einem Gesichtsdampfbad. Verwenden Sie täglich frische Waschlappen. Waschen Sie sich nur mit milden hautneutralen Seifen, und benutzen Sie keine Kosmetika zum Abdecken. Auch sollten Sie nicht zu viel Fett, Süßes und Scharfes essen. Vitalstoffreiche Kost mit viel Obst und Gemüse ist sinnvoll. Nützlich sind Sonnenbäder oder Höhensonnenbestrahlung. Dabei darf man aber nicht übertreiben. Kräutertees dienen der Anregung und Umstimmung des Stoffwechsels, ein tägliches Gesichtsdampfbad der Reinigung und Entzündungslinderung.

Heiltee

Dieser Tee hilft, den Stoffwechsel anzuregen.

Anwendung: 30 Gramm Walnussblätter, je 20 Gramm Stiefmütterchenkraut, Löwenzahnwurzel, Erdrauchkraut und Brennnesselblätter sowie 10 Gramm Ringelblumenblüten mischen. 2 Teelöffel (bis 14 Jahre 1 Teelöffel) mit 1/4 Liter kochendem Wasser übergießen, für 10 Minuten ziehen lassen. 3-mal täglich 1 Tasse nach dem Essen trinken.

Tropfen zum Einnehmen

Diese Frischpflanzentropfen fördern den Stoffwechsel.

Anwendung: Lassen Sie sich zu gleichen Teilen die Tinkturen von Löwenzahn, Erdrauch, Mariendistel, Ringelblume und Johanniskraut mischen, am besten in der Apotheke. Verdünnen Sie 3-mal täglich 15 Tropfen mit ein wenig Wasser, und nehmen Sie die Essenzenmischung jeweils vor den Mahlzeiten ein.

Gesichtsdampfbad

▶ Mit gemischten Kräutern

Anwendung: 1 bis 2 Esslöffel der Mischung aus Kamillenblüten, Rosmarinblätter, Lavendelblüten, Arnikablüten und Walnussblättern in 1 Liter Wasser bis zum Kochen erhitzen, dann vom Herd nehmen und das Gesicht 10 bis 15 Minuten über den Dampf halten. Anschließend das Gesicht mit Hamameliswasser abtupfen.

▶ Mit Kamillenblüten oder Schafgarbenkraut

Anwendung: Zubereitung wie oben beschrieben mit 1 bis 2 Esslöffeln Kräuter auf 1 Liter Wasser.

Lotionen und Waschungen

▶ Mit Schafgarbe

Anwendung: Dazu 3 Teelöffel des Krauts mit 1/4 Liter kochendem Wasser übergießen und 10 Minuten lang ziehen lassen. Entzündete Stellen mit dem lauwarmen Tee abtupfen.

▶ Mit Thymian

Anwendung: 3 Teelöffel des Krauts mit 1/4 Liter kochendem Wasser aufgießen, 10 Minuten lang ziehen lassen und die entzündeten Stellen betupfen oder mit dem Sud getränkte Kompressen auflegen.

In der Naturheilkunde geht man davon aus, dass bei Akne zunächst der gesamte Stoffwechsel in Ordnung gebracht werden muss, damit die Haut nicht zu viel Fett produziert. Hierbei wird individuell der ganze Mensch behandelt, was natürlich einem Fachmann überlassen werden muss.

Angina

Das lateinische Wort »Angina« bedeutet Enge. Landläufig versteht man darunter eine Entzündung des Gaumens und der Mandeln.
In der Mehrzahl der Fälle ist eine Angina Begleiterscheinung einer Erkältung oder Grippe (siehe Seiten 67 und 73). Die Beschwerden lassen in diesen Fällen meist nach einigen Tagen nach. Oftmals sind für die akuten Beschwerden aber auch bestimmte Bakterien verantwortlich, nämlich die Streptokokken. Akute Streptokokkenentzündungen treten meistens während der Kindheit und Jugend auf. Ältere

Menschen leiden häufiger an chronischer Tonsillitis. Typische Beschwerden von Angina und Tonsillitis sind Hals- und Schluckschmerz, Abgeschlagenheit, zuweilen Ohrstiche, oft mäßiges Fieber (typisch für eine bakterielle Infektion; aber auch hohes Fieber ist möglich). Die Gaumenmandeln sind vergrößert und gerötet, manchmal sieht man eitrige Stippchen.

Allgemeine Maßnahmen

Bei akuter (nicht bei einer chronischen) Entzündung lindert als erste Maßnahme oft ein kalter Halswickel.

Anwendung: Ein zusammengefaltetes dünnes Handtuch in kaltes Essigwasser tauchen und leicht ausdrücken. Das feuchte Tuch 2-mal um den Hals wickeln und mit einem trockenen Tuch umwickeln. Falls notwendig, erneuern Sie den Wickel, sobald er warm geworden ist – nach etwa 15 Minuten.

Zuletzt den Hals waschen und abdecken. Wenn Ihnen dies gut tut, legen Sie diesen Wickel 2- bis 3-mal täglich an. Den Wickel nur bei warmem Hals anlegen!

Tipp Statt in Essigwasser können Sie den Wickel auch in Zitronensaft (verdünnt mit Wasser) tauchen.

Eine Mandelentzündung muss immer gut auskuriert werden, sonst kann sie zu einem chronischen Krankheitsherd werden, von dem aus Keime und Giftstoffe ins Blut abgegeben werden. Das kann an verschiedenen Organen zu entzündlichen und allergischen Reaktionen führen.

Bei allen Halsbeschwerden, speziell bei Angina, kann man auch folgende Gurgellösung zubereiten: Geben Sie je 1 Tropfen Eukalyptus- und Zitronenöl sowie 3 Tropfen Lavendelöl in 1/2 Glas Wasser, und gurgeln Sie damit mehrmals täglich.

Gurgelwasser

▶ Mit Blutwurz, Malve, Walnussblättern und Kamille

Anwendung: Je 20 Gramm Blutwurz, Malvenblätter und Walnussblätter sowie 10 Gramm Kamillenblüten mischen. 3 Teelöffel der Mischung mit 1/4 Liter kochendem Wasser überbrühen und 10 Minuten lang ziehen lassen. Mit dem lauwarmen Tee alle 2 Stunden gurgeln.

▶ Mit Salbei und Kamille

Anwendung: 3 Teelöffel der Mischung zu gleichen Teilen mit 1/4 Liter Wasser übergießen, 10 Minuten lang ziehen lassen und damit alle 2 Stunden spülen und gurgeln.

▶ Mit Zitrone

Anwendung: Gurgeln und Spülen mit dem Saft von 1/2 Zitrone in 1 Glas lauwarmem Wasser.

Tropfen zum Einnehmen

Zur Steigerung der Abwehrkraft und Ausheilung der Entzündung hilft eine Mischung verschiedener Pflanzentinkturen.

Anwendung: Je 10 Milliliter Thymian-, Echinacea- und Salbeitinktur sowie 20 Milliliter Kapuzinerkressetinktur mischen lassen. 3-mal täglich je 20 Tropfen einnehmen.

Aphthen

Aphthen sind von einem entzündlichen Saum umgebene Erhebungen der Mundschleimhaut mit einem weißlichen Belag. Sie befinden sich im Bereich der Zunge, der Lippen, der Wangenschleimhaut, des weichen Gaumens oder des Zahnfleischs und können sehr schmerzhaft sein. Man kennt die Entstehungsursache nicht; vermutet werden geschwächte Abwehrlage, Infektionen oder Ernährungsfehler.

Mundspülungen

Besonders lokale Mundspülungen mit Salbeitee haben sich hier bewährt, bei stärkeren Entzündungen Kamillentee oder eine Mischung aus Salbei und Kamille. Hilfreich ist oft auch verdünnte Myrrhentinktur. Rezepte siehe »Mundschleimhautentzündung«, Seite 82.

Sind die Aphthen stärker ausgeprägt, besteht Verdacht auf eine Übertragung tierischer Maul- und Klauenseuche (durch Tierkontakt, infizierte rohe Milch, Butter oder Käse). Auch ein ausgeprägter Herpes simplex oder ein Herpes zoster können starken Aphthenbefall verursachen. In diesem Fall ist ein Fachmann zurate zu ziehen.

Augenentzündung Siehe Bindehautentzündung

Ausfluss Siehe Scheidenentzündung

Bindehautentzündung

Die Augenbindehaut ist eine schleimhautähnliche Fortsetzung der äußeren Haut, die durch eine leichte Absonderung der Tränendrüsen ständig feucht gehalten wird. Werden die oberflächlichen Blutgefäße gereizt, schwellen die Augen an und röten sich.

Das kann durch Wind und Zugluft, durch Kälte, Rauch oder Staub, durch Übergreifen eines Katarrhs aus Nase oder Nebenhöhlen und durch chemisch oder fremdkörperbedingte Augenreizungen wie das Baden im chlorierten Wasser oder Insekten verursacht werden.

Erste Anzeichen einer Bindehautentzündung sind Trockenheitsgefühl, Fremdkörpergefühl, Tränenfluss, Lichtempfindlichkeit, Brennen und ein quälender Juckreiz, dem aber nicht nachgegeben werden sollte.

Auch wenn es schwer fällt: Bei Bindehautentzündung ist das Augenreiben zu unterlassen. Zum Schutz der Augen im Freien sollte man eine Sonnenbrille tragen. Bei eitrigem Verlauf muss man den Arzt aufsuchen.

Augenspülung

Hilfreich sind oft Spülungen mit Augentrost. Man verwendet den Augentrost mit Hilfe einer Augenbadewanne, die Sie in der Apotheke erhalten. Oder Sie tränken ein Stück steril abgepackte Stoffbinde mit dem lauwarmen Aufguss und legen sie auf das erkrankte Auge.

Anwendung: Leicht angedrückte Fenchelsamen und Augentrostkraut zu gleichen Teilen mischen. 2 Teelöffel davon mit 1/4 Liter destilliertem Wasser aufkochen und 5 Minuten lang ziehen lassen. Mit einer Messerspitze Meersalz versetzen. Aufguss durch einen Papierfilter abfiltern, so dass keine Partikel mehr in der Flüssigkeit sind. Die lauwarme Flüssigkeit in ein Augenglas füllen und morgens und abends die Augen 2 Minuten lang spülen. Die Augen dabei offen halten.

Heiltee mit Augentrost

Anwendung: 2 Teelöffel des Krauts mit 1/4 Liter kochendem Wasser übergießen. 10 Minuten lang ziehen lassen und 3 Tassen täglich trinken. Dieser Tee hilft auch bei Schnupfen und Heuschnupfen.

Das hilft bei Blasenentzündung

▶ Reichlich trinken, aber keinen schwarzen Tee, Kaffee oder Alkohol, sondern desinfizierende, mäßig harntreibende Tees.

▶ Den Unterleib warm halten – warme Unterwäsche, Strümpfe und Schuhe tragen.

▶ Auf vitaminreiche Nahrung achten, am besten einige Obst- und Gemüsetage einlegen.

▶ Scharfe Gewürze meiden und nicht zu viel salzen.

▶ Zur Abwehrsteigerung Echinacea-präparate einnehmen.

Blasenentzündung (-reizung, -katarrh)

Die Harnblase ist sehr kälteempfindlich. Besonders Frauen leiden häufiger an Blasenkatarrh, da durch den kürzeren Harnröhrenabschnitt leichter Bakterien in die Blase wandern können. Verliert die Blasenschleimhaut beispielsweise durch Unterkühlung ihre Abwehrkraft, kann sie sich entzünden.

Dabei kommt es zu folgenden Beschwerden: Schmerzen beim Wasserlassen, häufiger Harndrang mit geringem Wasserlassen, wundes Schmerzgefühl und Brennen bei der Harnentleerung. Besonders gefährlich ist das Aufsteigen der Blasenentzündung über die Harnwege zu den Nieren, was manchmal auch unbemerkt und symptomlos bei einer chronischen Entzündung geschieht.

Blasenentzündungen sind daher gut und sorgfältig auszukurieren. Kommt es nach zwei Tagen zu keiner Besserung, muss ein Arzt aufgesucht werden, der dann möglicherweise ein Antibiotikum einsetzen wird. Bei starkem fiebrigem Beginn der Blasenentzündung ist ein sofortiger Arztbesuch notwendig.

Verschiedene Ursachen kommen als Auslöser für eine Blasenentzündung infrage, etwa eine Erkältung, nasskalte Füße, längeres Sitzen auf einer kalten Unterlage, Reizung durch übermäßigen Genuss von Kaffee, Tee oder stark gewürzten Speisen.

Heiltees

▶ Mit Bärentraubenblättern

Anwendung: 2 Teelöffel der Blätter mit 1/4 Liter kaltem Wasser übergießen, 12 bis 24 Stunden lang unter gelegentlichem Umrühren ausziehen lassen und 3 Tassen täglich trinken. In jede Tasse 1 Messerspitze Natriumbikarbonat geben, um den Harn zu alkalisieren. Bei der Anwendung von Bärentraube färbt sich der Urin zu Beginn meist bräunlich. Das ist aber normal und kein Grund zur Sorge. Für Kinder unter 12 Jahren ist der Tee nicht geeignet.

▶ Mit Preiselbeerblättern

Anwendung: 2 Teelöffel Kraut mit 1/4 Liter Wasser zum Kochen bringen und 5 Minuten lang bei geringer Hitze kochen lassen. Oder einen Kaltauszug anfertigen (siehe oben). 3 Tassen täglich trinken.

Tropfen zum Einnehmen

Zusätzlich können Sie mit dem Einverständnis Ihres Therapeuten pflanzliche Tropfen einnehmen.

Anwendung: Jeweils 1 Milliliter der ätherischen Öle von Cajeput, Lavendel, Myrtenheide und Wacholder mit 60 Milliliter 90-prozentigem Alkohol mischen. 3-mal täglich 25 Tropfen vor den Hauptmahlzeiten in 1 Glas lauwarmem Wasser einnehmen. Die Tropfen sind nicht für Kinder geeignet.

> **Einen Blasentee müssen Sie auch nach dem Abklingen der Beschwerden noch drei bis fünf Tage lang weiter trinken, damit die Entzündung wirklich ausheilt.**

Bronchitis

Die bei Erkältungen meist betroffenen Schleimhäute der Atemwege reagieren auf Schadstoffe mit vermehrter Schleimproduktion. Auf ihrer Oberfläche befinden sich unzählige kleine Härchen, die die Stoffe wieder nach außen befördern. Durch Husten versucht unser Körper, die Atemwege frei zu machen, etwa von Staub, Nahrungsmitteln, Getränken oder Wasser. Zum Hustenreiz kann es auch kommen, wenn sich im Rahmen einer Erkältung oder Grippe die Schleimhäute von Luftröhre und Bronchien entzünden. Unser Körper versucht dann, die Atemwege von übermäßigem Schleim, der sich in den entzündeten Bronchien gebildet hat, durch Husten zu befreien.

> **Bei jeder Form von Husten und Bronchitis ist es wichtig, die Abwehrkräfte zu mobilisieren: Mit Vitamin C beispielsweise (täglich 1 Esslöffel Sanddornsaft nach dem Essen) oder einer Knoblauchkur (täglich 2 Zehen roh auf Brot oder in Quark).**

Allgemeine Maßnahmen

Für eine Selbstbehandlung kommt nur der einfache Erkältungshusten infrage. Liegt eine fieberhafte Erkältung vor, sollten Sie sich ausruhen, am besten zwei bis drei Tage lang mit Tee fasten und kühle Wadenwickel anlegen. Gleichzeitig zu den hustenlindernden Maßnahmen kann man schweißtreibende und ausscheidungsfördernde Tees trinken. Besonders bei Husten mit zähem Schleim ist es wichtig, reichlich zu trinken, beispielsweise Lindenblüten- oder Holundertee. Bei zähem, chronischem Husten, wenn die Temperatur nicht erhöht ist, helfen warme Wickel oft sehr gut. Auch andere Wärmemaßnahmen wie ansteigende Fußbäder und ein Vollbad (an Herz- und Kreislaufverträglichkeit denken) sind gut wirksam bei allen länger dauernden Erkältungen, wenn kein Fieber vorliegt.

Im Zimmer können Sie Verdunstungsschalen mit den antibiotisch wirksamen ätherischen Ölen von beispielsweise Eukalyptus, Fichtennadel oder Latschenkiefer aufstellen. Am Abend sollten Sie Brust und Rücken mit ätherischen Ölen einreiben, oder Sie nehmen einen der handelsüblichen Bronchialbalsame. Dadurch wird eine lokal gesteigerte Durchblutung erreicht, und man inhaliert die Inhaltsstoffe. Vorsicht mit Einreibungen allerdings – besonders von menthol- und kampferhaltigen – bei Säuglingen und Kleinkindern! Im Handel sind spezielle Balsame für Kinder erhältlich.

Inhalationen

▶ Wirken ätherische Öle zu stark und zu reizend, inhalieren Sie mit ganzen Heilkräutern.

Anwendung: 1 kleine Hand voll Fichtennadeln, Thymiankraut und Eukalyptusblätter mit kochendem Wasser übergießen, unter einem großen Handtuch 5 Minuten lang die Dämpfe einatmen.

▶ Eine besonders milde Wirkung haben Fichtennadeln.

Anwendung: 1 Hand voll Fichtennadeln mit 1 Liter Wasser übergießen, zum Kochen bringen und die Dämpfe inhalieren.

▶ Inhalieren können Sie auch, wenn Sie die ätherischen Öle vorher in Alkohol gelöst haben.

Anwendung: Je 2 Milliliter Lavendel, Fichtennadel und Thymian sowie 4 Milliliter Eukalyptus in 100 Milliliter 90-prozentigen Alkohol geben. Davon 1 Teelöffel bis 1 Esslöffel unter heißes Wasser mischen und inhalieren, je nach Verträglichkeit. Bei chronischen Erkrankungen 1 bis 2 Wochen lang 2 bis 3 Inhalationen täglich.

Bei jeder Art von Husten sollten Sie zusätzliche Reizquellen wie etwa verrauchte Räume oder Zugluft meiden. Sorgen Sie außerdem für frische, aber nicht kalte Luft und für ausreichende Luftfeuchtigkeit. Lassen Sie Wasser auf der Heizung verdunsten, oder besorgen Sie sich einen Luftbefeuchter.

Ätherische Öle zum Inhalieren

▶ Dosierung: 6 bis 12 Tropfen der jeweiligen Mischung auf 1 bis 2 Liter heißes Wasser

▶ 5 Tropfen Lavendel, je 3 Tropfen Eukalyptus und Kiefernnadel, 2 Tropfen Thymian (Allzweckinhalation)

▶ Je 4 Tropfen Cajeput, Kiefernnadel und Lavendel (auswurffördernd)

▶ Je 4 Tropfen Bergamotte, Eukalyptus und Sandelholz (auswurffördernd)

▶ Je 3 Tropfen Eukalyptus, Niaouli und Cajeput (stark antiseptisch)

▶ Je 3 Tropfen Rosmarin und Eukalyptus, 6 Tropfen Lavendel (mild)

▶ Je 4 Tropfen Eukalyptus und Ysop einreiben und inhalieren (bei Asthma)

▶ 1 Tropfen Thymian, 5 Tropfen Lavendel und 3 Tropfen Eukalyptus oder 12 bis 15 Tropfen Fichtennadel oder Kiefernnadel (bei Erkältungskrankheiten)

Speziell kräftigend und abwehrsteigernd für Lunge und Bronchien ist auch der Genuss von Knoblauch, Thymian und Salbei als Würzmittel und Beigabe in Suppen und Salat.

Einreibungen

Anwendung: Für eine Einreibung nehmen Sie je nach Verträglichkeit insgesamt 10 bis 20 Tropfen ätherische Öle. Geben Sie die Öle rasch auf eine Hand, und verteilen Sie sie 2-mal täglich auf Brust und Rücken. Bei empfindlicher Haut geben Sie insgesamt 10 Tropfen der genannten Öle in 1 Teelöffel Olivenöl.

▶ Je 3 Tropfen Kiefern-, Eukalyptus-, Oregano- und Lavendelöl
▶ Je 7 Tropfen Niaouli-, Kiefernnadel- und Eukalyptusöl
▶ 20 bis 30 Tropfen Kiefernnadel- oder Fichtennadelöl oder 12 Tropfen Eukalyptusöl
▶ Für Kinder: 5 Tropfen Kiefernöl in 1/2 Teelöffel Weizenkeimöl geben und einreiben. Für die ganz Kleinen können Sie Kiefernhydrolat, gemischt mit Lavendelhydrolat, auf Brust und Rücken reiben.

Verschlimmert sich der Husten, oder treten Atemnot oder hohes Fieber auf, ist unverzüglich ein erfahrener Arzt oder Heilpraktiker aufzusuchen. Jeder Husten, der länger als drei Wochen dauert, muss vom Arzt abgeklärt werden!

Heiltees

Anwendung: Jeweils 2 Teelöffel einer der nachfolgenden Kräutermischungen mit 1/4 Liter kochendem Wasser übergießen, 10 Minuten lang ziehen lassen und abgießen. 3 bis 4 Tassen über den Tag verteilt mit Honig gesüßt trinken.

▶ Schweißtreibend: 40 Gramm Lindenblüten, je 20 Gramm zerdrückte Anisfrüchte, Thymiankraut und Malvenblätter

▶ Reizlindernd und schleimlösend: Malvenblätter, Königskerzenblüten, Lungenkraut und Spitzwegerichkraut zu gleichen Teilen

▶ Rasch reizlindernd: Ysopkraut, Malvenblätter, Eibischwurzel und Königskerzenblüten zu gleichen Teilen

▶ Schleimlösend, auswurffördernd, reizlindernd: Spitzwegerichkraut, Königskerzenblüten, zerdrückte Fenchelsamen und Bibernellwurzel zu gleichen Teilen

▶ Krampflindernd, schleimlösend: 20 Gramm Thymiankraut, je 10 Gramm Primelwurzel, Spitzwegerichkraut, Sonnentaukraut und zerdrückte Anisfrüchte

▶ Krampf- und schleimlösend: zerdrückte Fenchelsamen, Spitzwegerichkraut, Thymiankraut und Süßholzwurzel zu gleichen Teilen

▶ Antibiotisch wirkend: Eukalyptusblätter, Holunderblüten, Ysopkraut und weißes Andornkraut zu gleichen Teilen

▶ Krampflösend: 1 Zweig frischer Thymian

Hustensirup

Hustensirup ist besonders auch in der Kinderbehandlung sehr geeignet. Man nimmt dann die Hälfte der empfohlenen Dosis.

▶ Tannenwipfelsirup (schleimlösend)

Anwendung: 5 Hand voll frische Fichten- oder Kiefernsprossen in 1 Liter Wasser aufkochen, abkühlen lassen, abfiltern und die Flüssigkeit mit 1 Kilogramm Rohrzucker oder Honig auf Sirupdicke einkochen. Mehrmals täglich 1 Teelöffel. Sie können den Sirup auch mit getrockneten Nadeln zubereiten, er ist dann aber nicht mehr so wirksam.

▶ Zwiebelsirup (bei Schnupfen und Husten)

Anwendung: Zwiebeln in Scheiben schneiden, nebeneinander auf einen Teller legen und zuckern (für 1 Zwiebel etwa 3 Esslöffel Zucker). 24 Stunden lang ziehen lassen, den Saft auspressen und von dem ausgepressten Sirup 3- bis 5-mal täglich 1 bis 2 Teelöffel einnehmen. Milder für Kinder wird der Sirup, wenn Sie die gezuckerten Zwiebelscheiben mit sehr wenig Wasser (1/8 Liter) bei geringer Hitze einige Minuten lang kochen, dann 6 Stunden lang ziehen lassen.

Diese Pflanzentropfen helfen bei tiefsitzender Bronchitis: Mischen Sie zu gleichen Teilen die Tinkturen von Spitzwegerich, Lungenkraut, Fenchel und Königskerze. Davon nehmen Sie 3-mal täglich 20 Tropfen in etwas Wasser ein.

▶ Knoblauchsirup (auswurffördernd)

Anwendung: 5 Zehen zerquetschen oder klein hacken und mit 5 Teelöffeln Zucker vermischen. Mit wenig Wasser aufkochen, 5 Minuten lang ziehen lassen und durch ein Tuch abseihen. Diesen Sirup über den Tag verteilt einnehmen.

▶ Meerrettichsirup (bei tief sitzender Bronchitis)

Anwendung: Fein geriebenen Meerrettich (die frische Wurzel reiben) mit der gleichen Menge Zucker oder Honig mischen und 2- bis 3-mal täglich je 1 Teelöffel einnehmen. Dieser Sirup ist scharf und daher nicht für Menschen mit empfindlichem Magen geeignet.

Auflagen und Wickel

▶ Meerrettichauflage

Anwendung: Fein geriebenen Meerrettich messerrückendick auf ein Tuch geben, mit einem weiteren Tuch abdecken. Meerrettichauflagen niemals länger als 5 bis 10 Minuten lang liegen lassen! Nach 2 bis 3 Minuten sollten Sie kontrollieren, ob die Haut schon gerötet ist. In diesem Fall die Auflage entfernen und die Haut sorgsam mit Wasser abtupfen. Nicht mit den Meerrettichhänden die Augen reiben!

▶ Kohlauflage

Anwendung: Weißkohlblätter waschen und die dicke Mittelrippe herausschneiden. Blätter mit einem Nudelholz leicht walzen und die so präparierten Blattteile kurz in warmem Wasser erwärmen. Zwischen 2 Tüchern leicht abtrocknen und auf Brust und Oberbauch auflegen – für maximal 30 Minuten.

> **Je nach Verträglichkeit kann man den Wickel fünf bis zehn Minuten lang einwirken lassen. Am nächsten Tag allerdings nur einen Wickel anlegen, wenn die Hautrötung völlig abgeklungen ist. Falls noch einmal notwendig, erst am zweiten oder dritten Tag einen weiteren Wickel durchführen. Wickel nicht bei erhöhter Temperatur anwenden!**

Für die Aromalampe

▶ Dosierung: 8 bis 10 Tropfen einer Ölmischung im Zerstäuber versprühen oder in der Aromalampe verdampfen lassen.

▶ Bei Bronchitis und Asthma: Cajeput, Eukalyptus und Kiefer

▶ Bei chronischer Bronchitis: Basilikum, Oregano und Rosmarin

▶ Bei Krampfhusten: Eukalyptus, Lavendel und Thymian

▶ Bei Asthma: Lavendel, Ysop, Orange und Kiefer

▶ Zwiebelwickel

Anwendung: 1 bis 2 Zwiebeln schälen und in dünne Scheiben schneiden. Auf ein dünnes Baumwoll- oder Leinentuch legen. Das Tuch zusammenrollen und im Backofen oder auf der Heizung auf 40 °C erwärmen. Anschließend das Tuch vorsichtig über der Brust aufrollen und darüber ein dickeres Tuch wickeln. 15 bis 20 Minuten lang einwirken lassen. Nach dem Entfernen die Haut mit warmem Wasser abtupfen. Entstehen während des Wickels Kreislaufprobleme, ist er sofort zu beenden. Einen Zwiebelwickel können Sie täglich durchführen, eventuell auch abwechselnd auf Brust und Rücken.

▶ Senfwickel

Anwendung: Senfmehl aus schwarzem Senf (Apotheke) mit 45 °C warmem Wasser zu einem dickflüssigen Brei anrühren und messerrückendick auf das mittlere Drittel eines dünnen Baumwolltuchs auftragen. Nun die anderen beiden Drittel darüber legen, so dass der Senf nicht direkt mit der Haut in Kontakt kommen kann. Anschließend das Senftuch faltenfrei auf die Brust legen und mit 2 weiteren Tüchern und zum Abschluss einer Decke umwickeln.

Nach 1 bis 3 Minuten kontrollieren, ob die Haut gerötet ist; wenn nicht, dehnen Sie die Wickelzeit um weitere 2 Minuten aus. Sobald Sie eine Rötung erkennen, den Wickel entfernen. Anschließend die Haut mit lauwarmem Wasser abtupfen, damit kein Senfpartikel zurückbleibt. Einen Senfwickel können Sie am gleichen Tag auch abwechselnd auf Brust und Rücken durchführen.

Darminfektion/Darmentzündung Siehe Durchfall

Durchfall

Bei der überwiegenden Mehrzahl der Durchfälle handelt es sich um eine viral oder bakteriell verursachte Entzündung der Magen- und Darmschleimhaut. Es kommt dabei zur häufigen und gesteigerten Entleerung breiigen oder wässrigen Stuhls. Zahlreiche Ursachen und Krankheiten können sich aber hinter dem Symptom Durchfall verbergen. Dies im Einzelfall abzuklären, ist Aufgabe eines erfahrenen

Meerrettich- und Senfwickel sind besonders bei hartnäckiger Bronchitis geeignet. Lassen Sie diese Wickel nicht zu lange auf der Haut, es besteht Verbrennungsgefahr!

Bessert sich ein normaler Sommer- oder Reisedurchfall nicht innerhalb von drei Tagen, muss unbedingt ein Arzt die Ursache abklären und eine fachmännische Therapie einleiten. Schwere Durchfälle verbieten jede Selbstbehandlung!

Durchfall kann viele Ursachen haben: schleimhautreizende Nahrungsmittel, Arzneimittel, Krankheitskeime, Toxine, verdorbene Nahrungsmittel, kalte Getränke bei sommerlicher Hitze, beschleunigte Darmpassage nach Antibiotikaeinnahme, stressbedingte Übererregbarkeit, Mangel an Verdauungsenzymen, Gallenblasenerkrankungen u. v. a.

Arztes oder Heilpraktikers. Eine Selbstbehandlung kommt nur infrage bei dem relativ harmlosen, häufig im Sommer auftretenden Durchfall sowie beim so genannten Reisedurchfall, die meist viral oder durch Kolibakterien verursacht werden. Oftmals dauert ein solcher Durchfall auch nur einen Tag lang. Beim Reisedurchfall spielt nicht selten die Nahrungsmittelumstellung eine Rolle, wobei es zu Gärungsprozessen in Dünn- und Dickdarm kommt. Ebenfalls kann eine durch den Umstellungsstress der Reise aus dem Gleis geratene Darmmotorik Ursache eines ungeformten Stuhls sein. Speziell im Sommer und auf Reisen sind auch Lebensmittelvergiftungen häufig. Verursacher sind verschiedene Bakterien in verdorbenen Lebensmitteln.

Allgemeine Maßnahmen

Günstig ist es, in den ersten ein bis zwei Tagen der Beschwerden nichts zu essen, sondern nur Tee zu trinken. Auf diese Weise bekommt der kranke Körper die benötigte Flüssigkeit und kann sich gleichzeitig auf die Bekämpfung der vorhandenen Erreger konzentrieren. Anschließend oder bei sehr starkem Hungergefühl können Sie geriebene Äpfel, Haferschleim- oder Reisschleimsuppe, Zwieback oder Bananen essen. Zwischendurch getrocknete Heidelbeeren kauen. Verlieren Sie viel Flüssigkeit, sollten Sie auf ausreichenden Ersatz von Flüssigkeit und Elektrolyten achten. So genannte bilanzierte Trinklösungen bekommt man in jeder Apotheke.

Die Raumluft desinfizieren

▶ Ätherische Öle eignen sich bei jeder Art von Infektion, um die Raumluft zu desinfizieren.

▶ Dosierung: 10 Tropfen der Mischung oder eines einzelnen Öls in einen Zerstäuber geben, in der Aromalampe oder einer Schale auf der Heizung verdampfen lassen.

▶ Mischung: 15 ml Oregano, je 30 ml Lavendel und Eukalyptus, 20 ml Eisenkraut, 5 ml Neroli, Sandelholz oder Zimt

▶ Zur Einzelverwendung geeignet sind: Eukalyptus, Lavendel, Oregano, Salbei, Teebaum, Thymian, Wacholder und Zimt

Ernährungstipps

▶ Hafer-Kamillen-Schleim

Anwendung: Haferflocken zu dünnem Schleim kochen. In 1 Liter fertigen Schleim 1 Esslöffel Kamillenblüten und 1 Esslöffel Gänsefingerkraut geben. 10 Minuten lang ziehen lassen, dann abseihen. In einer Thermoskanne warm halten und stündlich 1/2 Tasse trinken.

▶ Entgiftungskur nach Genuss verdorbener Lebensmittel

Anwendung: 1-mal 1 Esslöffel Rizinusöl mit Zitronensaft einnehmen. Anschließend 1 Tag mit Tee fasten und ab dem 2. Tag zur Entgiftung 1 bis 2 Teelöffel Aktivkohle oder Heilerde 2-mal täglich in einen Tee geben und einnehmen.

Heiltees

▶ Mit Blutwurz (Tormentill)

Anwendung: 2 Esslöffel der zerkleinerten Wurzel mit 1/2 Liter Wasser erhitzen und 10 Minuten lang kochen, dann 1/2 Stunde ziehen lassen. Mehrmals täglich 1 Tasse schluckweise trinken.

▶ Mit Kamille

Anwendung: 2 Teelöffel Kamillenblüten (Kinder 1 Teelöffel) mit 1/4 Liter kochendem Wasser übergießen und 10 Minuten lang ziehen lassen. 3 Tassen täglich ungesüßt trinken.

▶ Antidurchfallmischung

Anwendung: 40 Gramm Tormentillwurzel, je 20 Gramm Brombeerblätter, Gänsefingerkraut und Kamillenblüten mischen. 2 Teelöffel der Mischung mit 1/4 Liter kochendem Wasser aufgießen. 10 Minuten lang ziehen lassen und 3 Tassen täglich ungesüßt nach den Mahlzeiten schluckweise trinken.

▶ Mit Gewürznelken

Anwendung: 1 Teelöffel Nelken mit kaltem Wasser ansetzen, bis zum Kochen erhitzen und 5 Minuten lang ziehen lassen. Bei infektiösem Durchfall 2 Tassen täglich trinken.

▶ Mit Zwiebelschalen

Anwendung: 1 Hand voll Zwiebelschalen einer aus biologischem Anbau stammenden Zwiebel in 1 Liter Wasser 10 Minuten lang kochen lassen und davon täglich 1/2 Liter trinken.

Blutwurz führt bei manchen Menschen zu Magenreizungen aufgrund ihres hohen Gerbstoffanteils. Ideal ist eine Tasse Tormentill- im Wechsel mit einer Tasse Kamillentee. Die entzündungs- und krampflindernden Kamillenblüten sind bei jeder Form von verdorbenem oder gereiztem Magen geeignet.

Tropfen zum Einnehmen

▶ Kräutertinkturen

Anwendung: 20 Milliliter Blutwurz- sowie je 10 Milliliter Storchen-schnabel-, Kamillen- und Schafgarbentinktur mischen. 3-mal täglich 20 Tropfen mit etwas Wasser verdünnt vor dem Essen einnehmen.

▶ Ätherische Öle

Anwendung: Je 1 Milliliter der Öle von Lavendel, Bergbohnenkraut, Kümmel und Basilikum in 60 Milliliter 90-prozentigen Alkohol geben. Gut durchmischen und 3-mal täglich 25 bis 30 Tropfen vor den Hauptmahlzeiten in etwas lauwarmem Wasser einnehmen.

Hilfe bei chronischen Verdauungsproblemen

Die folgenden Heiltees sind besonders dazu geeignet, die häufig auf-tretenden chronischen dünnen Gärungsstühle zu normalisieren. Er-wünscht ist eine verdauungsanregende und desinfizierende Wirkung.

▶ Verdauungsanregend und desinfizierend

Anwendung: 2 Teelöffel Oreganokraut mit 1/4 Liter kochendem Wasser übergießen, 10 Minuten lang ziehen lassen und 3 Tassen täg-lich ungesüßt trinken.

▶ Bei Gärungserscheinungen mit Blähungen, Gallenblasenbeschwer-den, verstimmtem Magen, Magenkrämpfen und Übelkeit

Anwendung: 2 Teelöffel Pfefferminzblätter mit 1/4 Liter kochendem Wasser übergießen und 10 Minuten lang ziehen lassen. 3 Tassen täg-lich ungesüßt nach oder zwischen den Mahlzeiten trinken.

▶ Verdauungsanregend

Anwendung: 20 Gramm Thymiankraut, je 10 Gramm zerdrückte Kümmelfrüchte, Pfefferminzblätter und Tausendgüldenkraut ver-mischen. 2 Teelöffel der Mischung mit 1/4 Liter kochendem Wasser übergießen und 5 bis 10 Minuten lang ziehen lassen. 3 Tassen täglich vor dem Essen ungesüßt trinken.

▶ Bei Dickdarmentzündungen und unregelmäßiger Darmtätigkeit aufgrund von Gärungsrückständen mit Blähungen und Verstopfung im Wechsel mit Durchfall

Anwendung: 1 Esslöffel Meerrettichsaft aus der frischen Wurzel pres-sen und 15 bis 20 Tropfen 3-mal täglich einnehmen.

Neben der entzündungs-widrigen Kamille sind gerbstoffhaltige Pflanzen bei der Behandlung von Durchfall von Bedeutung. Sie wirken zusammen-ziehend und verdichtend auf die entzündeten Darmschleimhäute.

Ekzem Siehe Hautentzündung

Erkältung Siehe auch Grippe

Erkältungskrankheiten gehören zu den häufigsten Beschwerden. Sind wir beispielsweise geschwächt, im Stress oder unterkühlt, erlaubt unser Körper verschiedenen Viren – winzig kleinen Krankheitserregern –, sich breit zu machen. Es kommt zu Infektionen der oberen Luftwege mit Halsschmerzen, Heiserkeit, Schnupfen, Husten, leichtem Fieber, Kopf- und Gliederschmerzen. Je nach Erreger und Anfälligkeit sind diese Beschwerden unterschiedlich ausgeprägt und lokalisiert. Mal kommt es nur zu Schnupfen, mal treten mehrere der genannten Symptome auf. Nase, Nasennebenhöhlen, Rachen, Kehlkopf, Luftröhre, Bronchien und Lunge können betroffen sein. Spezielle Heilpflanzen zur Linderung von Schnupfen, Husten, Heiserkeit und Halsschmerzen finden Sie unter den jeweiligen Stichwörtern.

Erkältungen sollten Sie gründlich auskurieren. Sonst rächt sich die Natur möglicherweise mit einem Rückfall und bakteriellen Zweitinfektionen. Gönnen Sie Ihrem Körper daher die Ruhe, die er braucht, um gesund zu werden.

Wenn Sie mehr als zwei- bis dreimal jährlich an Erkältungen leiden, ist vermutlich Ihr Abwehrsystem geschwächt. Ein erfahrener Therapeut kann Ihnen dabei helfen, sich zu regenerieren.

Bettruhe, Schwitzkuren und im Ausgleich dazu reichliches Trinken unterstützen die Behandlung von Erkältungen mit natürlichen Antibiotika. Kältereize und Anstrengung sollten Sie dagegen auf jeden Fall vermeiden.

Allgemeine Maßnahmen

Bei Virusinfektionen – und darum handelt es sich bei einer Erkältung – ist die Stärkung der Körperabwehr die effektivste Möglichkeit, den Heilungsprozess zu unterstützen. Unser Körper muss in die Lage versetzt werden, aus eigener Kraft mit dem Angriff fertig zu werden.

Am besten trinken Sie zwei bis drei Tage lang nur Tees und Säfte und essen wenig, damit sich Ihr Körper auf die Abwehrarbeit konzentrieren kann. Auf schwer verdauliche Speisen sollten Sie auf alle Fälle verzichten. Bei Infekten besteht ein besonders großer Bedarf an Vitamin C, das im Abwehrkampf benötigt wird. Die Vitamin-C-Versorgung kann aufgebessert werden durch frisch gepressten Zitronensaft, Sanddornsaft, Schwarzen Johannisbeersaft und Holunderbeersaft.

Die Eleutherokokkwurzel, auch Taigawurzel oder russischer Ginseng genannt, ist ein gutes abwehrsteigerndes und stärkendes Mittel, das bei einer beginnenden Erkältung nutzen kann. Präparate sind im Fachhandel erhältlich. Nicht bei Fieber, Bluthochdruck und Herzkrankheiten anwenden!

Zur Stärkung der Immunabwehr

▶ Echinacin

Anwendung: Bei beginnendem Infekt 50 Tropfen, dann 2-stündlich 20 bis 30 Tropfen die ersten 2 Tage, dann 3-mal 30 Tropfen täglich.

▶ Abwehrsteigernde Frischpflanzentropfen

Anwendung: 15 Milliliter Echinacea-, je 10 Milliliter Taigawurzel- oder Salbei- und Thymiantinktur mischen. Im akuten Fall 3-mal täglich 25 (zur Vorbeugung 3-mal 20) Tropfen der Mischung mit etwas Wasser verdünnt vor den Mahlzeiten einnehmen. Als Vorbeugungskur 4 Wochen lang einnehmen.

▶ Frischpflanzentropfen bei Fieber

Anwendung: Zu gleichen Teilen Weidenrinden-, Thymian- und Kamillentinktur mischen. 3-mal täglich 25 Tropfen mit etwas Wasser vor dem Essen einnehmen.

Heiltees

▶ Schweißtreibend und fiebersenkend

Anwendung: Lindenblüten, Holunderblüten, Thymiankraut und Kamillenblüten zu gleichen Teilen mischen. 2 Teelöffel der Mischung mit 1/4 Liter kochend heißem Wasser übergießen und 10 Minuten lang ziehen lassen. 3- bis 4-mal täglich 1 Tasse schluckweise und so heiß wie möglich trinken.

▶ Bei fieberhafter Erkältung

Anwendung: Holunderblüten, Lindenblüten, Weidenrinde, Thymiankraut und Stechpalmenblätter zu gleichen Teilen mischen. 2 Teelöffel der Mischung mit 1/4 Liter kochendem Wasser übergießen und 10 Minuten lang ziehen lassen. 3-mal täglich 1 Tasse heiß, eventuell mit Honig gesüßt, nach den Mahlzeiten trinken.

Das starke Trio gegen Erkältungen

Besonders bewährt haben sich bei Erkältungen Zubereitungen mit Wacholder, Zitrone oder Kapuzinerkresse. Deshalb sind hier einige hilfreiche Anwendungen zusammengestellt.

▶ Wacholderspiritus

Anwendung: 100 Gramm Wacholderbeeren gut zerdrücken und mit 500 Milliliter 70-prozentigem Alkohol übergießen. Täglich mehrmals schütteln und 14 Tage lang ausziehen lassen. Anschließend abseihen und den Spiritus in eine Flasche umfüllen. Wacholderspiritus kann man innerlich und für Einreibungen benutzen. Zur Kräftigung, Blutreinigung oder bei Infektionen 3-mal täglich 20 Tropfen auf 1 Stück Zucker einnehmen. Bei rheumatischen Beschwerden und Nervenschmerzen die schmerzenden Stellen damit einreiben.

▶ Wacholdersirup

Anwendung: 500 Gramm Wacholderbeeren in 3 Liter Wasser weich kochen, zerdrücken und noch einmal gut aufkochen. Feste Teile absieben und in den Wacholderbrei so viel Honig einrühren, bis eine sirupartige Masse entsteht. Den fertigen Sirup in ein Glas füllen und gut verschließen. Kinder nehmen hiervon 2 Teelöffel vor den Mahlzeiten, Erwachsene 3-mal 2 Teelöffel ein (auch zur Kräftigung).

▶ Ätherisches Zitronenöl

Anwendung: Nach Absprache mit dem Arzt 3-mal täglich 1 bis 2 Tropfen in etwas Honig gelöst einnehmen.

▶ Zitronenwasser

Anwendung: Die klein geschnittene Schale von 2 bis 3 ungespritzten Zitronen aus biologischem Anbau mit 1 Liter kochendem Wasser überbrühen. 10 Minuten lang ziehen lassen und einige Tropfen frischen Zitronensaft hinzufügen (erfrischendes und kühlendes Getränk).

Rote Bete hat einen leicht abwehrsteigernden und kräftigenden Effekt, der auf dem zur Gruppe der Flavonoide gehörenden roten Farbstoff Betanin beruht. Rote Bete können Sie in Form von Salat oder als Saft aus dem Reformhaus (1/2 bis 1 Liter täglich) zu sich nehmen.

▶ Kapuzinerkressesaft

Anwendung: Vom Presssaft aus den Blättern 1- bis 2-mal täglich 1 Teelöffel in etwas Wasser einnehmen (als Abwehrschub).

▶ Tee mit Kapuzinerkresse

Anwendung: 1/2 bis 1 Teelöffel Kresse zusammen mit 1 Teelöffel einer Erkältungsteemischung mit 1/4 Liter kochendem Wasser übergießen. 10 Minuten lang ziehen lassen und 2 bis 3 Tassen täglich trinken.

Fieber

Fieber ist ein Symptom, das meistens in Verbindung mit Infektionen auftritt. Es ist keine Krankheit, sondern zeigt an, dass sich der Körper heftig gegen Krankheitserreger wehrt und der Stoffwechsel auf Hochtouren läuft, als Teil der notwendigen Abwehrreaktionen unseres Körpers. Viele Bakterien gehen auch bei hohen Temperaturen zugrunde. Sie sollten daher leichtes Fieber nicht um jeden Preis senken und gleich zur Tablette greifen.

Allgemeine Maßnahmen

Wichtigste Maßnahme bei Fieber ist Ruhe, am besten Bettruhe. Belasten Sie Ihren Körper nicht durch unnötige Aktivitäten, durch Kälte oder Zugluft. Senken Sie das Fieber erst, wenn es die 39 °C-Marke übersteigt (bei Kindern darf es auch noch etwas darüber ansteigen), außer Ihr Kreislauf ist stark belastet, Sie leiden an einer Herzkrankheit, Sie werden unruhig und verwirrt oder es treten Fieberkrämpfe auf. Wichtig ist es, ausreichend zu trinken und nur wenig leichte, vitaminreiche Kost zu sich zu nehmen. Teerezepte für schweißtreibende, leicht fiebersenkende Tees finden Sie unter dem Stichwort »Erkältung«, Seite 68f.

Fiebersenkende Wickel

▶ Essigstrumpf nach Pfarrer Kneipp

Anwendung: 1 Teil Essig mit 5 Teilen zimmerwarmem Wasser mischen, so dass man etwa 1/4 bis 1/2 Liter Wasser hat. Baumwollkniestrümpfe in die Essig-Wasser-Mischung legen, gut auswringen und

Fiebersenkend ist auch eine Ganzkörperessigwaschung. Mischen Sie dazu in einer Schüssel 1 Liter lauwarmes Wasser mit 4 Esslöffeln Essig, tauchen Sie ein Handtuch ein, und waschen Sie den Körper damit ab: Hände und Füße, Arme und Beine, Brust, Bauch und Rücken, immer in Richtung Herz. Danach gut abtrocknen, ins Bett legen und gut zudecken.

anziehen. Dann beide Beine mit wollenen Tüchern umwickeln und als Unterlage ein dickes Handtuch nehmen, damit das Bett trocken bleibt. Die Strümpfe 1 Stunde lang anlassen. Nicht anwenden, wenn die Füße und Waden noch kalt sind. Täglich 2- bis 3-mal durchführen, bis das Fieber gesunken ist.

▶ Wadenwickel

Anwendung: 2 handtuchgroße Tücher aus Leinen oder Baumwolle zur Hälfte in zimmerwarmes Wasser tauchen und die Unterschenkel vom Fußknöchel bis zur Kniekehle umwickeln. Die trockene Hälfte dient hierbei als Abdecktuch. Darüber ein Wolltuch wickeln und 20 Minuten lang im Bett liegenbleiben. Falls notwendig, kann man dann einen weiteren Wickel anlegen – nicht aber, wenn der erste Wickel kalt bleibt oder wenn man friert. Das Wasser für Wadenwickel sollte nicht zu kalt sein, da sonst der Kreislauf sehr beansprucht wird. Unterstützend ist es, zusätzlich 5 Tropfen ätherisches Lavendelöl in das Wickelwasser zu geben.

▶ Quarkwadenwickel

Anwendung: Auf 2 nicht zu große Leinentücher je 250 Gramm kühlen (nicht kalten) Quark streichen. Um jede Wade einen Wickel legen und die Nacht über dort lassen. Quarkwickel behalten ihre kühlende Wirkung länger bei als einfache Wasserwickel.

Furunkel Siehe Abszess

Fußpilz Siehe auch Pilze

Fußpilz erkennt man an einer Rötung und Schuppung zwischen den Zehen oder an den Fußsohlen. Oft juckt es unangenehm. Verursacher sind meist Fadenpilze, die besonders das feuchtwarme Milieu lieben.

Allgemeine Maßnahmen

Feuchte Füße und geschlossene Schuhe bieten Pilzen ideale Lebensbedingungen. Tragen Sie daher nur Socken aus Naturmaterial, und wechseln Sie diese täglich. Auch dürfen die Schuhe nicht aus Kunststoff sein, wie z. B. die beliebten Turnschuhe.

Achten Sie darauf, dass Sie die Füße nach dem Waschen und vor der Behandlung mit pflanzlichen Mitteln gut an der Luft trocknen lassen. Wenn Sie eine ölhaltige Lösung darauf geben, muss der Fuß vorher trocken sein.

Gegen den noch hart-
näckigeren Fußnagelpilz
wirkt Folgendes hilfreich:
Die Nagelunterseite 2- bis
3-mal täglich mit eini-
gen Tropfen Lavendel-
und Myrrhenöl in etwas
70-prozentigem Alkohol
gelöst behandeln.

Fußbad

Anwendung: 3 bis 4 Esslöffel Salbeiblätter mit 1 Liter kochendem Wasser übergießen. 10 Minuten lang ziehen lassen, dann abseihen und so viel Sud in eine Wanne geben, dass der Fuß bis zum unteren Knöchelrand bedeckt ist. Nochmal durchmischen und die Füße 10 Minuten lang baden. Anschließend die Füße und besonders die Zehenzwischenräume gut trocknen. Täglich anwenden.

Einreibungen

Führen Sie außerdem mindestens 1 Woche lang 2- bis 3-mal täglich nach dem Fußbad eine der folgenden Einreibungen durch.

▶ Mit ätherischen Ölen

Anwendung: Eines der folgenden ätherischen Öle 1 Woche lang unverdünnt dünn auf die Pilzstellen träufeln: Teebaum, Bergbohnenkraut, Zitrone, Thymian oder Myrrhe.

▶ Mit Zitrone oder Knoblauch

Anwendung: Frisch gepressten Zitronensaft auf die befallenen Stellen streichen. Auch frisch gepresster Knoblauchsaft hilft.

▶ Mit Sonnenhut und Ringelblume

Anwendung: Einige Tropfen der Tinkturen von Sonnenhut und Ringelblume auf die befallenen Stellen geben.

▶ Mit Lavendel und Myrrhe

Anwendung: 50 Milliliter Pflanzenöl mit je 15 Tropfen Lavendel- und Myrrhenöl mischen. Die befallenen Stellen damit beträufeln.

Gastritis (Magenschleimhautentzündung)

Häufig ist bei einer
Gastritis wie auch bei
einem Magengeschwür
eine Bakterienart zu fin-
den (Helicobacter pylori),
die besonders bei einer
Schwächung des Abwehr-
systems die Entstehung
einer Magenschleimhaut-
entzündung begünstigt.

Bei einer Gastritis ist die Magenschleimhaut entzündet. Es treten dabei verschiedene Beschwerden auf – beispielsweise Völlegefühl, Magenschmerzen bis hin zu Krämpfen (besonders nach dem Essen), Übelkeit, Appetitlosigkeit, Sodbrennen und Erbrechen. Mögliche Ursachen einer akuten Gastritis sind in zu reichlichen oder sauren Mahlzeiten, in zu heißen oder kalten Speisen, Alkoholismus, der überreichlichen Verwendung scharfer Gewürze, einem Magen-Darm-Infekt oder der Verwendung bestimmter Medikamente wie salizylathaltigen Präparaten (Aspirin) zu suchen. Wird eine akute Gastritis nicht ausreichend behandelt, geht sie leicht in die langwierige chronische Form über, die oft schwer therapierbar ist und den Boden für ein Magengeschwür bereiten kann.

Allgemeine Maßnahmen

Auf stark reizende Speisen und Getränke wie Kaffee, schwarzen Tee, Alkohol, Nikotin, scharfe Gewürze, Zucker, erhitzte Fette und alles, was sehr süß, sauer, heiß, kalt und scharf ist, muss vorübergehend verzichtet werden. Um Giftstoffe und überschüssige Säure zu binden, empfiehlt sich außerdem die Einnahme von 1 Teelöffel Luvos Heilerde Ultra 3-mal täglich in lauwarmem Wasser oder alternativ in ungesüßtem Kräutertee.

Heiltees

▶ Mit Eibisch als Schleimhautschutz

Anwendung: 1 Esslöffel Eibischwurzel mit 1/4 Liter kaltem Wasser übergießen und 3 Stunden lang unter gelegentlichem Umrühren ruhen lassen. Anschließend abseihen und mehrmals täglich 1 Tasse trinken.

▶ Mit Kamille

Anwendung: 2 bis 3 Teelöffel Kamillenblüten mit 1/4 Liter kochendem Wasser übergießen. Bedeckt 5 bis 10 Minuten lang ziehen lassen und warm, schluckweise, auf nüchternen Magen 3 Tassen täglich trinken. Bei chronisch gereiztem Magen und Darm setzen die starken Heilkräfte der Kamille erst bei längerer kurmäßiger Anwendung ein: Über 3 bis 4 Wochen hinweg 3- bis 4-mal täglich 1 Tasse auf leeren Magen trinken, also die erste Tasse morgens nüchtern, 2 Tassen zwischen den Mahlzeiten und die letzte Tasse vor dem Schlafengehen.

Auch frisch gepresster Zitronensaft wird oft zur Linderung bei Entzündungen von Magen und Darm genutzt. Zuweilen reizt er aber auch zusätzlich, so dass ein vorsichtiger Test mit 1 Esslöffel Saft angebracht ist.

Gerstenkorn

Hier handelt es sich um entzündliche Infektionen der Talgdrüsen am Lidrand, die besonders bei Erschöpfung und großer Müdigkeit auftreten. Gerstenkörner sind ansteckend, daher verwendete Taschentücher und Auflagen von anderen Menschen fern halten.

Auflagen

▶ Mit Kamille und Augentrost

Anwendung: Kamillenblüten und Augentrost zu gleichen Teilen mischen. 2 Teelöffel davon mit 1/4 Liter kochendem Wasser übergießen und 10 Minuten lang ziehen lassen. Watte damit tränken und warm für 10 bis 15 Minuten auf das geschlossene Auge legen.

▶ Schnellmethode mit Teebeuteln

Anwendung: 1 Kamillenteebeutel mit kochendem Wasser übergießen und warm für 10 bis 15 Minuten auf das geschlossene Auge legen.

Grippe   Siehe auch Erkältung

Fiebrige Erkältungen werden im Volksmund zwar oft als Grippe bezeichnet, weil sich die Symptome beider Krankheiten ähneln, sind aber nicht zu verwechseln mit der echten Grippe. Diese verläuft länger und schwerer und ist immer mit hohem Fieber verbunden. Sie wird durch extrem hartnäckige Viren verursacht. Wesentlich häufiger als bei Erkältungskrankheiten kommt es zu schweren Komplikationen. Die echte Grippe breitet sich rasch aus und ist äußerst ansteckend. Die Infektion erfolgt beispielsweise durch Husten und Niesen. Eine Grippe ist nicht zur Selbstbehandlung geeignet. Es drohen schwere bakterielle Zweitinfektionen bei unsachgemäßer Behandlung.

Allgemeine Maßnahmen

Halten Sie Bettruhe ein, und ziehen Sie einen Arzt zurate. Auch sollten die folgenden therapeutischen Maßnahmen abgesprochen werden. Nützlich ist es, die ersten Tage Diät zu halten, damit sich der Körper auf die Abwehrarbeit konzentrieren kann: Teefasten oder nur leichte, vitaminreiche Kost und gleichzeitig abwehrsteigernde Maßnahmen durchführen (siehe Seite 67f.). Falls notwendig, Inhalationen und Einreibungen mit ätherischen Ölen durchführen und Antigrippegrogs trinken. Zerstäuben Sie gleichzeitig eine desinfizierende Mischung ätherischer Öle im Raum (siehe Seite 64). Spezielle Rezepte zur Linderung einzelner Beschwerden wie Husten und Schnupfen finden Sie unter den jeweiligen Stichwörtern.

Die Zwiebel ist ein bekanntes Naturheilmittel zur Linderung einer Grippe oder Erkältung: 1 gehackte Zwiebel einige Stunden lang in 1/4 Liter heißem (nicht kochendem) Wasser ziehen lassen und den Sud morgens nüchtern mit etwas Zitronensaft einnehmen.

Bei Gürtelrose hilft auch folgende Ölmischung, die zugleich hautpflegend wirkt: Geben Sie in 100 Milliliter Weizenkeim-, Jojoba- oder Mandelöl 40 Tropfen Teebaumöl, und betupfen Sie die schmerzenden Stellen 2- bis 3-mal täglich damit.

Gürtelrose

Ursache ist eine aufflackernde Infektion mit dem Varizellenvirus, das auch Windpocken verursacht. Das Virus befällt in diesem Fall die Nerven im Gesicht oder am Oberkörper, wobei es zu Bläschen der geröteten Haut und starken Nervenschmerzen kommt.

Allgemeine Maßnahmen

Wichtigste Maßnahme ist hier die Stärkung des Abwehrsystems. Wieder ist der Sonnenhut das Mittel der Wahl sowie vitamin- und mineralstoffreiche Nahrung (siehe auch Seite 50f.).

Einreibungen

▶ Mit Teebaum
Anwendung: 6 Tropfen Teebaumöl in 1/2 Teelöffel 50-prozentigen Alkohol geben und auf die befallenen Stellen tupfen (an einer Stelle probieren). Bei lindernder Wirkung mehrmals täglich anwenden.
▶ Äußerlich lindert zuweilen auf die schmerzenden Stellen aufgetragenes Johanniskrautöl.

Eine Gürtelrose verursacht so heftige Nervenschmerzen, dass die Hilfe eines Arztes unerlässlich ist. Bei verschleppter Behandlung kann es außerdem zu gefährlichen Komplikationen wie Lähmungserscheinungen oder Augenschäden kommen.

Harnwegsentzündung Siehe Blasenentzündung

Hautentzündung, Dermatitis

Eine Dermatitis oder Hautentzündung ist eine entzündliche Hautreaktion, die durch äußere Einwirkung zustande kommt. Dabei treten an bestimmten Hautstellen Beschwerden wie Rötung, Schwellung, Bläschenbildung, Schuppung, Juckreiz, Nässen und Krustenbildung auf. Zu den möglichen Auslösern gehören Reizungen durch chemische Stoffe, physikalische Einwirkungen wie starke Sonnenbestrahlung oder Kälteeinwirkung und Krankheitskeime oder Parasiten. Häufig sind Hautentzündungen aber auch allergisch bedingt.

Allgemeine Maßnahmen

Für Umschläge sollten Sie saubere Leinentücher oder Mullbinden benutzen. Sie müssen locker und luftdurchlässig aufgelegt werden. Erneuern Sie den Umschlag, wenn er warm und trocken geworden ist, 3-mal täglich. Bei feuchten Ekzemen helfen feuchte Umschläge, also keine Salben oder Pasten verwenden.

Umschläge

▶ Mit Kamille

Anwendung: 3 bis 4 Teelöffel Kamillenblüten mit 1/4 Liter kochendem Wasser übergießen. 10 Minuten lang ziehen lassen und mit dem abgekühlten Sud 3-mal täglich Umschläge anlegen.

▶ Mit Kamille und Schafgarbe

Anwendung: Kamillenblüten und Schafgarbenkraut zu gleichen Teilen mischen. 2 bis 3 Teelöffel der Mischung mit 1/4 Liter kochendem Wasser übergießen. 10 Minuten lang ziehen lassen und für Umschläge verwenden (besonders auch bei Allergien).

▶ Mit Eichenrinde

Eichenrinde hilft besonders bei nässenden und juckenden Ekzemen. *Anwendung:* 1 Esslöffel Rinde mit 1/4 Liter Wasser übergießen. Anschließend erhitzen und 15 Minuten lang kochen lassen, dann abseihen und abkühlen lassen. Mehrmals täglich Umschläge anlegen.

Bei trockener Haut brauchen Sie unbedingt ein mildes, rückfettendes Präparat zur Reinigung. Die modernen pH-neutralen Seifen schonen zwar den Säureschutzmantel der Haut, entfetten allerdings stärker und berauben unsere Haut auf diese Weise ihres natürlichen Schutzes.

Gelegentlich kann die Anwendung von Kamille oder Schafgarbe auch reizen. In diesem Fall eignen sich Umschläge mit der gerbstoffhaltigen und gut hautverträglichen Eichenrinde.

▶ Mit Hamamelisrinde

Anwendung: 1 Esslöffel Hamamelisrinde mit 1/4 Liter Wasser übergießen. Zum Kochen bringen und anschließend 15 Minuten lang ziehen lassen. Etwas abkühlen lassen und für Umschläge verwenden.

▶ Mit Ringelblumen

Anwendung: 3 Teelöffel Ringelblumenblüten mit 1/4 Liter kochendem Wasser übergießen. 10 Minuten lang ziehen lassen und für Umschläge verwenden.

Einreibungen

▶ Bei trockenen Ekzemen

Anwendung: 1 Hand voll Lavendelblüten in ein Gefäß mit 1/2 Liter Olivenöl geben und im heißen Wasserbad 2 Stunden lang erwärmen. Dann die Nacht über ziehen lassen und anschließend durch ein Tuch filtern. Mit dem Öl die Ekzeme betupfen.

▶ Bei infektiös bedingten Hautentzündungen

Anwendung: 2 Tropfen Cajeputöl mit dem Saft von 1/2 Zitrone mischen und 2-mal täglich auf die Haut geben. Vorsichtig versuchen, da dies manchmal zusätzlich reizt.

▶ Heilöl mit ätherischen Ölen

Anwendung: Je 6 Tropfen Kamillen- und Lavendel- in 50 Milliliter Jojobaöl geben und vorsichtig auf entzündete Stellen auftragen.

▶ Entzündungswidriges Gesichtswasser

Anwendung: 10 Tropfen Teebaumöl in 100 Milliliter Hamamelishydrolat geben. Die entzündlichen Stellen damit abtupfen.

Bei allergischen Erscheinungen lindernd sowie pflegend und heilend bei Neurodermitis wirken Nachtkerzenöl oder das preisgünstigere Borretschöl. Entsprechende Präparate gibt es im Fachhandel.

Hautpilz Siehe Pilze

Hämorrhoidalleiden

Bei entzündeten bzw. geschwollenen Hämorrhoiden handelt es sich um eine krankhafte Erweiterung eines Gefäßpolsters in der Schleimhaut des Mastdarms oder Rektums (letztes Darmstück). Für ihre Entstehung sind neben einer Anlage zur Bindegewebsschwäche häufig chronische Verstopfung und Blähungen, sitzende Lebensweise, Alkoholmissbrauch, genereller Bewegungsmangel oder Leberkrankheiten verantwortlich. Es kommt dann zu einer Drucksteigerung im Hämorrhoidalpolster des Analbereichs und damit zu einer Blutstauung, die zu einer Ausweitung der Gefäße in diesem Bereich führt. Symptome sind Blutungen, Jucken und Brennen, später starke Schmerzen, vor allem im Sitzen.

Vorbeugend gegen Hämorrhoidalbeschwerden sind eine ausgewogene Ernährung mit vielen Ballaststoffen für eine intakte Verdauung und viel Bewegung an der frischen Luft.

Umschläge

▶ Juckreizlindernd mit Gerbstoffen

Anwendung: 1 Esslöffel Hamamelis- oder Eichenrinde in 1/4 Liter Wasser geben, erhitzen und 10 Minuten lang bei geringer Hitze kochen lassen. Den lauwarmen Sud für Umschläge verwenden.

▶ Entzündungsbekämpfend

Anwendung: 2 Teelöffel Arnika- oder 3 Teelöffel Ringelblumenblüten mit 1/4 Liter kochendem Wasser übergießen und 10 Minuten lang ziehen lassen. Noch besser ist die Mischung der Tinkturen beider Pflanzen zu gleichen Teilen, falls sie den After nicht zu sehr reizt. Dosierung: 1 Teelöffel auf 1/4 Liter Wasser.

Heiltee

Zusätzlich hilfreich ist oft auch der folgende Leber-Venen-Tee, den man kurmäßig 6 Wochen lang trinken sollte.

Anwendung: 30 Gramm Mariendistelfrüchte, je 20 Gramm Hamamelisblätter und Zinnkraut, je 15 Gramm Boldoblätter und Steinkleekraut mischen. 1 bis 2 Teelöffel der Mischung mit 1/4 Liter kochendem Wasser übergießen und 2 Tassen täglich trinken.

Heiserkeit

Symptome einer Kehlkopfentzündung sind Heiserkeit bis hin zum Stimmverlust, Räuspern, unangenehmes Kratzen im Hals, brennender Schmerz im Halsbereich sowie Trockenheits- und Wundgefühl und quälender Hustenreiz. Staubige und trockene Luft, Rauch, Gase und Dämpfe mit atemreizenden Substanzen begünstigen eine Erkrankung der Atemwege, auch des Kehlkopfs.

Allgemeine Maßnahmen

Schonen Sie Ihre Stimme, und sprechen Sie nur wenig, wenn Ihr Kehlkopf angeschlagen ist. Reizende Stoffe wie Tabak und Alkohol oder scharfe Gewürze sollten natürlich gemieden werden. Trinken Sie reichlich warme Tees mit Honig und Vitamin-C-haltige Säfte. Halten Sie auch die Luftfeuchtigkeit ausreichend hoch in den Räumen, in denen Sie sich meistens aufhalten. Abwehrstärkende Maßnahmen finden Sie unter dem Stichwort »Erkältung«, Seite 67 ff.

Heiltee

Ein wohltuender Kräutertee, der bei Heiserkeit hilft.
Anwendung: Königskerzenblüten, Bibernellwurzel, Eibischwurzel und Huflattichblätter zu gleichen Teilen mischen. 2 Teelöffel mit 1/4 Liter kochendem Wasser übergießen und 3-mal täglich 1 Tasse mit Honig gesüßt trinken. Honig ist bei Heiserkeit sehr hilfreich.

Inhalationen

Anwendung: Die in den Rezepten angegebenen Kräuter oder Öle in eine Schüssel mit 2 Liter heißem Wasser geben, unter einem großen Handtuch 10 bis 15 Minuten lang die Dämpfe einatmen.
▶ 1 kleine Hand voll Kamillenblüten
▶ Je 4 Tropfen Eukalyptus- und Pfefferminzöl
▶ Je 3 Tropfen Cajeput-, Kiefernnadel- und Lavendelöl

Ein linderndes Getränk bei Heiserkeit und rauem Hals ist auch »Honigwein«: 2 Teelöffel Honig in 1/2 Liter siedendem Wasser auflösen, abkühlen lassen und den Saft von 1 Zitrone zugeben. Tagsüber in kleinen Schlucken trinken.

Gurgelwasser

▶ Mit Kamille, Salbei und Bibernell
Anwendung: Kräuter zu gleichen Teilen mischen. 3 Teelöffel davon mit 1/4 Liter kochendem Wasser übergießen und alle 2 Stunden damit gründlich spülen und gurgeln.
▶ Mit Arnika
Anwendung: 1 bis 2 Teelöffel der Blüten mit 1/4 Liter kochendem Wasser übergießen und 3-mal täglich damit gurgeln.
▶ Mit Zitrone
Anwendung: Den Saft von 1/2 bis 1 Zitrone in 1/2 Glas Wasser geben, 3-mal täglich damit gurgeln.

Halswickel

▶ Warm bei chronischen Entzündungen

Anwendung: 1 Hand voll Heublumen mit 1/2 Liter kochendem Wasser übergießen und 10 Minuten lang ziehen lassen. Anschließend ein langes Tuch zur Hälfte in den Sud tauchen, 1-mal um den Hals wickeln, dann die trockene Hälfte darüber wickeln. Zum Schluss einen Wollschal o. Ä. um den Hals wickeln.

▶ Kalt bei akuten Entzündungen

Anwendung: 3 bis 4 Esslöffel Apfelessig mit 1/2 Liter kaltem Wasser mischen. Den Wickel nach obiger Anweisung anlegen.

Hilfreich bei Herpes sind auch Umschläge mit einem Teeaufguss aus Ringelblumen oder Sonnenhut (3 Teelöffel auf 1/4 Liter Wasser). Ebenso eine Eichenrindenabkochung (3 Teelöffel auf 1/4 Liter Wasser, 10 Minuten lang kochen und lauwarm auftragen).

Herpes simplex, Herpes labialis

Hier handelt es sich um einen virusbedingten Bläschenausschlag an Lippen und Mundwinkeln, der sehr schmerzhaft sein kann, meistens aber in wenigen Tagen abheilt. Das auslösende Virus schlummert bei den meisten Menschen nach einer Erstinfektion im Körper und wird nur von Zeit zu Zeit aktiviert. In der Regel kommt es zu Herpes, wenn das Abwehrsystem geschwächt ist, bei Infektionen verschiedenster Art, bei Magen-Darm-Störungen oder während der Monatsregel.

Allgemeine Maßnahmen

Wichtigste Maßnahme bei Herpes ist es, kräftigend und stärkend sowie abwehranregend auf unseren Körper einzuwirken. Sonnenhut stimuliert dabei die körpereigene Abwehr. Rezepte und genaue Anleitungen finden Sie unter »Abwehrschwäche« (Seite 50f.).

Zum Bepinseln

Sehr hilfreich ist oft das Bepinseln der Herpesstellen mit einigen Tropfen antiviraler Öle oder Tinkturen. Geeignet sind:

▶ Unverdünnte Myrrhen- oder Kamillentinktur

▶ 20 Tropfen Melissenöl in 30 Milliliter Johanniskrautöl aufgelöst. (Nur reines Melissenöl verwenden, das allerdings sehr teuer ist!)

▶ Je 4 Tropfen Zimt- und Nelkenöl

▶ Je 4 Tropfen Teebaum- und Lavendelöl

Husten Siehe Bronchitis

Insektenstiche

Besonders bei Wespen- und Bienenstichen können allergische Reaktionen mit starken Schwellungen und schlechtem Allgemeinbefinden auftreten. In diesem Fall sollte man unbedingt den Notarzt rufen.

Einreibungen und Auflagen
▶ Ätherisches Lavendelöl und 70-prozentigen Alkohol zu gleichen Teilen mischen, mit einigen Tropfen den Stich einreiben. Man kann auch 2 Tropfen ätherisches Lavendelöl direkt auf den Stich geben.
▶ Auf den Stich frisch gepressten Zitronensaft träufeln.
▶ Auf die Stichstelle eine angeschnittene rohe Zwiebel legen und dort als Auflage fixieren.
▶ Je 25 Tropfen Lavendel- und Teebaumöl in 100 Milliliter Olivenöl geben und gut vermischen. Einige Tropfen auf die Stichstelle geben.

Bei Bienenstichen bleibt der Stachel in der Haut zurück und sollte sofort entfernt werden. Dazu mit einer feinen Pinzette den Stachel ganz dicht an der Hautoberfläche fassen – nicht an dem verdickten oberen Ende! Dort nämlich befindet sich die Giftblase, die sich bei Druck weiter in die Einstichstelle entleert.

Juckreiz

Zu Juckreiz kommt es meistens bei Ekzemen, Hautentzündungen und Pilzerkrankungen. Rezepte hierfür finden Sie unter den jeweiligen Stichwörtern. Die im Folgenden genannten Heilpflanzen können sehr oft leichte Beschwerden lindern.

Umschläge
▶ Bei Entzündungen
Anwendung: 2 bis 3 Teelöffel Kamillenblüten auf 1/4 Liter kochendes Wasser geben, 10 Minuten lang ziehen lassen und abseihen. Mit dem Sud Umschläge machen.
▶ Bei juckenden Ekzemen
Anwendung: 1 Esslöffel Eichen- oder Hamamelisrinde bzw. eine Mischung von beidem auf 1/4 Liter Wasser geben und erhitzen. 10 Minuten lang bei geringer Hitze kochen lassen und dann abseihen. Man legt mit der lauwarmen Abkochung getränkte Kompressen auf.

Einreibungen

▶ Auch 1 bis 2 Tropfen der ätherischen Öle von Thymian oder Pfefferminze helfen bei Juckreiz. Nicht bei entzündeter Haut und bei kleinen Kindern anwenden, da sie stark hautreizend wirken.

▶ Antiseptisch wirksamer und juckreizlindernder Essig

Anwendung: 15 Milliliter Melissengeist, 4 Milliliter Gewürznelkenöl, je 10 Milliliter Zitronen- und Lavendelöl sowie 60 Milliliter Weißweinessig mischen. Anschließend in eine Flasche abfüllen. Mit Wasser verdünnt als Einreibemittel gegen Juckreiz verwenden.

Kehlkopfentzündung   Siehe Heiserkeit

Krampfadern   Siehe Venenentzündung

Magenschleimhautentzündung   Siehe Gastritis

Mundschleimhautentzündung

Entzündungen der Mundschleimhaut treten meistens im Zusammenhang mit Infektionen, besonders des Magen-Darm-Trakts, auf. Oft sind die Ursachen auch allergischer Natur. Mögliche Auslöser können sein: die Zahnpasta, das Mundwasser oder bestimmte Nahrungsmittel. Weiße Beläge mit leichter Entzündung können auf einen Candidabefall hinweisen (siehe »Pilze«, Seite 86f.).

Lindernd wirkt häufig bei Mundschleimhautentzündungen und Aphthen 1/2 Glas frisch gepresster Zitronensaft mit 1 Teelöffel Honig vermischt. Den Mund damit einige Minuten lang ausspülen.

Allgemeine Maßnahmen

Zur Linderung und Heilung gibt es einige gut wirksame, lokal entzündungshemmende Maßnahmen. In der Regel zuverlässig wirksam bei Mund- und Rachenentzündungen sind die antibiotisch wirkenden und entzündungslindernden Heilpflanzen Salbei und Myrrhe.

Spülungen

▶ Mit Myrrhe

Anwendung: 20 Tropfen Myrrhentinktur in 1 Glas mit lauwarmem Wasser geben und damit mehrmals täglich spülen und gurgeln.

▶ Mit Blutwurz

Anwendung: 2 Teelöffel Blutwurzwurzel in 1/4 Liter Wasser erhitzen. 10 Minuten lang bei geringer Hitze kochen, dann abkühlen lassen und 10 Tropfen Myrrhentinktur zugeben. Mehrmals täglich damit spülen und gurgeln.

▶ Mit Salbei

Anwendung: 1 Hand voll Salbeiblätter in 1 Liter Wasser geben und 10 Minuten lang bei geringer Hitze kochen lassen. Mehrmals täglich damit spülen.

▶ Mit Gewürznelken

Anwendung: 1 Teelöffel Nelken auf 1/4 Liter kochendes Wasser geben, 10 Minuten lang ziehen lassen und damit spülen.

Nebenhöhlenentzündung

Unsere Nebenhöhlen sind mit Schleimhaut ausgekleidete Hohlräume im Kopf, die mit den Nasenhöhlen durch kleine Öffnungen verbunden sind. Die Kieferhöhlen liegen unter den Augen in der Wangengegend, die Stirnhöhlen im Stirnbein, über und hinter den Augenbrauen. Von einer Nebenhöhlenentzündung spricht man, wenn sich die Schleimhaut der Höhlen entzündet. Das ist fast immer der Fall, wenn ein gewöhnlicher Schnupfen länger als 14 Tage dauert. Manchmal sind die Symptome auch eindeutig – heftig pulsierende und klopfende Schmerzen in der Stirngegend etwa bei Stirnhöhlenentzündung, neben den Nasenflügeln bei Kieferhöhlenentzündung. Beim Vorneigen des Kopfes werden die Schmerzen intensiver. Schleim oder Eiter fließen aus der Nase, und die betroffenen Stellen im Gesicht sind druckempfindlich.

Allgemeine Maßnahmen

Um die Atmung zu erleichtern, können Sie in einem Luftbefeuchter einige Tropfen Fichtennadelöl oder eine desinfizierende Aromaölmischung verdampfen lassen. Auch Aromalampen sind geeignet. Erleichterung, besonders bei chronischen Entzündungen, schaffen auch tägliche Rotlichtbestrahlungen (Dauer etwa 10 Minuten).

Bei wiederkehrenden Nebenhöhlenentzündungen muss auch an schadhafte Zähne oder Zahnwurzeln als Auslöser gedacht werden. Lassen Sie sich in diesem Fall beim Zahnarzt gründlich untersuchen.

Zum Inhalieren bei Nebenhöhlenentzündung

▶ 3 bis 4 Esslöffel Kamillenblüten oder 1 Esslöffel Kamillentinktur

▶ Je 3 bis 4 Tropfen Cajeput-, Kiefernnadel- und Lavendelöl

▶ Je 3 bis 4 Tropfen Kamillen-, Lavendel- und Eukalyptusöl

▶ 35 Gramm Eukalyptusblätter, je 20 Gramm Thymian- und Pfefferminzblätter, Portionsdosis: 3 Esslöffel

▶ Je 3 Tropfen Eukalyptus-, Pfefferminz-, Kamillen- und Fichten- oder Kiefernnadelöl

Bei chronischen Nebenhöhlenentzündungen oder Schnupfen keine ätherischen Öle anwenden, da diese austrocknend auf die Schleimhäute wirken.

Einreibungen

▶ Ebenfalls hilfreich ist es, eine der obigen Inhalationsmischungen in 1/2 Teelöffel Johanniskrautöl zu geben und mehrmals täglich Nasenflügel und schmerzhafte Punkte auf den Backenknochen einzureiben.

▶ Bei Stirnhöhlenentzündung können Sie zur Linderung je 2 Tropfen Lavendel- und Kamillenöl oberhalb und unterhalb der Augen in Richtung Schläfen auftragen. Vorsicht: Ätherische Öle niemals in die Augen bringen und auch nicht zu dicht am Auge auftragen!

Heiltees

▶ Kräutertee bei akuten Nebenhöhlenbeschwerden

Anwendung: Zu gleichen Teilen Fichtensprossen, Thymiankraut, Salbeiblätter und Kamillenblüten mischen. 2 Teelöffel davon mit 1/4 Liter kochendem Wasser übergießen, 10 Minuten lang ziehen lassen und 2 bis 3 Tassen täglich trinken.

▶ Schleimlösender Tee

Anwendung: Primelwurzel und Königskerzenblüten zu gleichen Teilen mischen und 2 Teelöffel mit 1/4 Liter kochendem Wasser übergießen. 10 Minuten lang ziehen lassen und 3 Tassen täglich trinken.

Sitzt der Schleim fest, trinken Sie zur Lockerung viel warme Flüssigkeit und schleimlösende Tees. Auch heiße Suppen, besonders mit reichlich Knoblauch und Zwiebel gewürzt, sind bestens geeignet.

Nasenspülungen

▶ Mit Kamillentee

Anwendung: Frischen, lauwarmen Kamillentee durch die Nase hochziehen, so dass er in den Hals gelangt.

▶ Mit Zitronensaft

Anwendung: Mehrmals täglich einige Tropfen Zitronensaft in beide Nasenlöcher träufeln – natürlich aber nicht, wenn dies zu stark reizt.

▶ Mit Salzwasser

Anwendung: 1/2 Teelöffel Salz in 1 Tasse lauwarmem Wasser auflösen. 1 Nasenloch zuhalten und durch das freie Nasenloch die Salzlösung aus dem schräg gehaltenen Glas einziehen. Dann die andere Seite behandeln. Führen Sie 2- bis 3-mal täglich diese Nasenspülung durch, wenn Ihnen dies gut tut.

Ohrenentzündung, Ohrenschmerzen

Unser Ohr ist über die Ohrtrompete, die so genannte Eustachische Röhre, mit dem Nasen-Rachen-Raum verbunden. Über diese Verbindung können sich auch Krankheitserreger von Hals, Rachen oder Zähnen her ausbreiten und zum Mittelohr gelangen. Aber auch der Druck von Sekret aus dem Nasenraum kann Schmerzen verursachen. Besonders bei Kindern kann aus einer nicht ganz ausgeheilten Erkältung schnell eine Mittelohrentzündung entstehen. Diese muss ernst genommen und vom Arzt therapiert werden und ist kein Fall für die Selbstbehandlung, da sich die Entzündung auf das Innenohr ausbreiten und sogar zu Taubheit führen kann.

Wickel

Sehr hilfreich, auch bei Kindern, sind Zwiebelwickel.

Anwendung: 1 rohe Zwiebel so klein wie möglich hacken, in ein Taschentuch wickeln und auf das Ohr legen. Mit einem Stirnband fixieren. Es intensiviert die Wirkung, wenn man sich mit dem Ohr auf eine Wärmflasche legt.

Tropfen

▶ Mit Kamillentee

Anwendung: Mit einer Pipette oder einem Wattestäbchen einige Tropfen lauwarmen Kamillentee (Aufguss mit 3 Teelöffeln auf 1/4 Liter Wasser) in das erkrankte Ohr träufeln. Etwa 15 Minuten lang ein-

Vorsicht: Niemals etwas ins Ohr träufeln bei einem Loch im Trommelfell oder einem Trommelfelldurchbruch bei eitriger Mittelohrentzündung! Auch der bloße Verdacht hierauf verbietet eine Selbstbehandlung: Bei Ohrenerkrankungen ist auf alle Fälle fachlicher Rat notwendig.

wirken lassen, dann das Ohr vorsichtig trocknen. Verwenden Sie keinesfalls zu heißen Tee, da dies die Entzündung verschlimmert.

▶ Mit Olivenöl

Anwendung: 50 Gramm Olivenöl 1 Minute lang mit 2 Esslöffeln Kamillenblüten sieden lassen, durchseihen und lauwarm als Ohrentropfen verwenden.

▶ Mit ätherischen Ölen

Anwendung: 6 Tropfen Kamillen- und 6 Tropfen Lavendelöl in 1 Teelöffel Olivenöl geben. Einen Wattebausch damit tränken und diesen in den Gehörgang schieben. Stärker ist die Mischung aus Teebaum- und Lavendelöl.

Pilze

Die wichtigsten Pilzgattungen, unter denen wir zu leiden haben, sind:

▶ Hautpilze (Dermatophyten), die unsere Haut, Haare und Nägel befallen können

▶ Hefen und Schimmelpilze wie Candida albicans, die Haut und Schleimhaut, aber zuweilen als ernste Komplikation auch tief liegende Organe angreifen

Candidainfektionen (frühere Bezeichnung: Soormykosen) gehören neben Hautpilzinfektionen zu den häufigsten Pilzerkrankungen. Der aggressive Hefepilz siedelt sich auf Haut und Schleimhäuten an, im Mund, im Nasen-Rachen-Raum, dem Verdauungstrakt und den äußeren Genitalien. Der Windelsoor der Säuglinge ist auch eine Candidainfektion. Eine Schwächung der körpereigenen Abwehr allerdings ist die wichtigste Voraussetzung für jede Pilzinfektion.

Allgemeine Maßnahmen

Setzen sich Pilze an bestimmten Stellen unserer Haut fest, ist meist der körpereigene Schutzwall der Haut an bestimmten Stellen geschwächt. Vermeiden Sie daher den übermäßigen Gebrauch scharfer Seifen, der den Säureschutzmantel unserer Haut zerstört. Bei den so häufigen Pilzen im Fuß- und Genitalbereich kommt noch hinzu, dass Pilze hier einen idealen Nährboden vorfinden (feucht und warm).

Pilzinfektionen sind heutzutage häufig geworden. Grund dafür ist beispielsweise die Schwächung unseres Immunsystems infolge von Umweltgiften und häufigen Antibiotikagaben.

Zentrale Maßnahme bei Hautpilz ist, das Abwehrsystem zu stärken und die Haut so zu pflegen, dass sie ihre natürliche Widerstandskraft wiedererlangt. Tragen Sie außerdem nur Kleidung aus atmungaktiven Naturfasern, meiden Sie das Tragen von Turnschuhen, und gönnen Sie sich häufige Sonnen- und Luftbäder. Sorgen Sie auch für eine gute Durchblutung, das kräftigt die Haut.

Umschlag

▶ Bei leichtem Pilzbefall der Haut

Anwendung: Thymiankraut, Holunderblüten und Ringelblumenblüten zu gleichen Teilen mischen. 2 Esslöffel der Mischung mit 1/4 Liter kochendem Wasser übergießen und 10 Minuten lang zugedeckt ziehen lassen. Täglich Umschläge damit durchführen.

Einreibungen

▶ Eine Mischung der Tinkturen von Sonnenhut und Thymian zu gleichen Teilen äußerlich direkt auf die befallenen Stellen geben.

▶ Mit Lavendel und Teebaum

Anwendung: Je 10 Tropfen mit 30 Milliliter Apfelessig vermischen und auf die befallenen Stellen geben.

▶ Mit Knoblauch

Anwendung: Bei Hautpilz die befallenen Stellen 2-mal täglich mit dem Saft von 1 Knoblauchzehe einreiben.

Reizblase   Siehe Blasenentzündung

Scheidenentzündung, Scheidenpilz

Eine Scheidenentzündung kann bakteriell oder durch Pilze hervorgerufen werden, besonders wenn das körpereigene Abwehrsystem geschwächt und die natürliche Bakterienflora im Bereich der Vagina beispielsweise durch Antibiotikaeinnahmen gestört wurde. Mögliche Beschwerden sind dann Rötung, Schwellung, auch Juckreiz und meistens weißlicher Ausfluss. Dieser ist eine entzündungsbedingte Absonderung von wässrigem bis gelbem Sekret aus der Scheide.

Auch Katzen und Hunde können Hautpilze übertragen. Wenn Sie Haustiere halten, sollten diese bei einer hartnäckigen Hautpilzerkrankung eines Familienmitglieds vom Tierarzt genau untersucht werden.

Heiltee

Trinken Sie zur innerlichen Behandlung Frauenmanteltee.

Anwendung: 1 bis 2 Teelöffel des Krauts mit 1/4 Liter kochendem Wasser übergießen. 10 Minuten lang ziehen lassen, dann abseihen. 1 bis 1 1/2 Liter täglich davon trinken.

Tropfen zum Einnehmen

Hilfreich sind auch kräftigende, entzündungslindernde und ausscheidungsfördernde Pflanzentropfen.

Anwendung: Die Tinkturen von Wermut, Salbei, Thymian, Schafgarbe und Brennnessel zu gleichen Teilen mischen. 3-mal täglich 20 Tropfen mit etwas Wasser verdünnt vor dem Essen einnehmen. Vor dem Schlucken die Tropfen etwas im Mund behalten.

Spülungen

▶ Bei stärkerem Ausfluss

Anwendung: 40 Gramm Eichenrinde, je 20 Gramm Rosmarinblätter, Salbeiblätter und Schafgarbenkraut mischen. 3 bis 4 Esslöffel der Mischung zusammen mit 1 Liter Wasser 10 Minuten lang bei geringer Hitze kochen. 1 Woche lang täglich 1- bis 2-mal spülen.

▶ Bei leichteren Reizungen und Entzündungen

Anwendung: Kamillenblüten und Salbeiblätter zu gleichen Teilen mischen. 3 Esslöffel der Mischung mit 1 Liter kochendem Wasser übergießen und 10 Minuten lang ziehen lassen, abseihen und mit dem lauwarmen Sud 1 Woche lang 1- bis 2-mal täglich spülen.

▶ Bei Vaginalinfektionen und Weißfluss

Anwendung: 1 Hand voll Lavendelblüten 10 Minuten lang bei geringer Hitze kochen lassen und mit dem lauwarmen Sud 1 Woche lang 1- bis 2-mal täglich spülen.

Spülungen bei Scheidenentzündungen sollten zuvor mit dem Gynäkologen abgesprochen werden. Unsachgemäße Durchführung kann hier auch schaden und die Entzündung zusätzlich verstärken.

Schnupfen

Schnupfen ist eine Erkältungskrankheit, bei der vor allem die Schleimhäute der Nase und Nasennebenhöhlen betroffen sind. Sie schwellen an und sondern eine wässrige, später schleimige Flüssigkeit ab. Auslöser sind Viren, die je nach Typ verschiedene Beschwerden bewirken. Voraus geht meist eine Schwächung des Abwehrsystems, etwa durch Überanstrengung, Stress, Nässe oder Kälte.

Allgemeine Maßnahmen

Unbehandelter Schnupfen dauert zwei Wochen, ärztlich behandelter 14 Tage, sagt eine alte Volksweisheit. Die einzige, aber wirkungsvolle Hilfe bei Virusinfektionen ist nämlich unser körpereigenes Immunsystem. Daher ist es wichtig, dieses durch Ruhe, Schwitzen und geeignete Tees und Tropfen zu unterstützen (siehe auch Seite 67ff.). Lindernd wirken außerdem Nasenspülungen (siehe Seite 84f.).

Heiltee

Ein Kräutertee, der akuten Schnupfen lindert.
Anwendung: Quendelkraut, Salbeiblätter, Huflattichblätter, Augentrostkraut und Kamillenblüten zu gleichen Teilen mischen. 2 Teelöffel mit 1/4 Liter kochendem Wasser übergießen und 10 Minuten lang ziehen lassen. 3-mal täglich 1 Tasse davon trinken.

Tropfen zum Einnehmen

Anwendung: Die Tinkturen von Thymian, Salbei, Huflattich, Sonnenhut und Kamille zu gleichen Teilen mischen lassen. Davon 3-mal täglich 20 Tropfen vor den Mahlzeiten einnehmen.

Inhalationen

▶ Mit Kamille
Anwendung: 3 bis 4 Esslöffel Kamillenblüten oder 1 Esslöffel Extrakt in einen Topf mit 2 Liter sehr heißem Wasser geben, den Kopf darüber halten und mit einem großen Tuch Kopf und Topf abdecken. Tief durchatmen, 3-mal täglich anwenden.
▶ Mit ätherischen Ölen
Anwendung: 1/2 Teelöffel Eukalyptus-, Pfefferminz-, Fichtennadel-, Kiefernnadel- oder Kamillenöl in einem Topf mit 2 Liter nicht mehr kochendem Wasser übergießen, dann wie oben inhalieren. 2-mal täglich durchführen.

Solange das Nasensekret wässrig ist, liegt noch keine Entzündung vor. Hier helfen Inhalationen, Erkältungsbäder und Tees. Wird das Sekret gelblich grün, ist die Nasenschleimhaut entzündet. Dann mit der begonnenen Therapie weitermachen und bei Bedarf Nasentropfen zum Abschwellen der Nasenschleimhaut anwenden.

Ein Sprichwort sagt: »Der nächste Schnupfen kommt bestimmt, doch nicht zu dem, der Thymian nimmt.« Thymian oder auch Quendel helfen vorbeugend, indem sie das Abwehrsystem stärken, lindern aber auch die Beschwerden, wenn der Schnupfen schon da ist.

Gerade während einer Schwangerschaft werden die Beine und damit die Venen stark beansprucht. Schwangere sollten daher ihre Beine sehr oft hochlegen, um die Gefäße zu entlasten.

Venenentzündung

Krankheiten der Venen wie Krampfadern sind heutzutage sehr häufig. Durch die vererbte Anlage zu Bindegewebsschwäche, wenig Bewegung oder einseitige berufliche Tätigkeiten wie viel Stehen oder Sitzen, durch Schwangerschaft und Übergewicht kommt es zu Rückflussstauungen des Bluts und einer Erweiterung der Venengefäße. Das venöse Blut wird nicht mehr ohne weiteres zum Herz befördert, sondern versackt in den Beinvenen, was auf Dauer zu Erweiterungen der Gefäße führt. Entzünden sich die Gefäße, kommt es zu ziehenden Schmerzen in Wade und Bein. Die entzündeten Venenstränge verhärten sich, oft ist die darüber liegende Haut gerötet. Das Bein schwillt an und schmerzt oft schon bei der kleinsten Bewegung. Auch Fieber kann auftreten.

Bei Verstopfungen und Entzündungen der tiefer liegenden Venen ist unbedingt ein Arzt aufzusuchen und Bettruhe einzuhalten, da die Gefahr besteht, dass Gerinnsel von der Venenwand in den Blutkreislauf gespült werden – mit dem Risiko einer Embolie.

Heiltee

Innerlich können Sie unterstützend einen Venentee trinken. Folgende Mischung ist mild entwässernd und venenwirksam.

Anwendung: Brennnesselkraut, Buchweizenkraut, Hamamelisblätter,

Rosskastanienblätter, Stiefmütterchenkraut und Ringelblumenblüten zu gleichen Teilen mischen. 1 Teelöffel mit 1/4 Liter kochendem Wasser übergießen und 10 Minuten lang ziehen lassen. 2 Wochen lang 2 Tassen täglich trinken.

Tropfen zum Einnehmen

Noch wirksamer als der Tee sind Pflanzentropfen.
Anwendung: Die Tinkturen von Rosskastanie, Ringelblume, Hamamelis, Weißdorn und Schafgarbe zu gleichen Teilen mischen. 2 Wochen lang 3-mal täglich 20 Tropfen in ein wenig Wasser verdünnt vor dem Essen einnehmen.

Umschläge

▶ Mit Arnika- und Ringelblumentinktur
Anwendung: Je 1/4 Teelöffel der beiden Tinkturen in 1/4 Liter Wasser geben. Ein dünnes Tuch darin eintauchen und gut feucht auflegen. Darüber ein trockenes Tuch wickeln. Nach 2 Stunden erneuern.

Auch kühlende Quark-, Lehm- oder Kohlauflagen haben sich zur Entzündungslinderung bewährt. Das ätherische Öl der Zitrone wirkt gleichfalls günstig bei äußerlicher Anwendung, auch Umschläge mit Zitronensaft.

Weißfluss Siehe Scheidenentzündung

Wunden, Verbrennungen

Ernsthafte, stark blutende Hautverletzungen bedürfen selbstverständlich ärztlicher Versorgung. Bei kleineren Wunden, Kratzern und Abschürfungen gibt es eine ganze Reihe von hervorragenden heilenden Pflanzen. Nicht vergessen sollte man aber, für ausreichenden vorbeugenden Tetanusschutz durch eine Impfung zu sorgen. Kochen Sie das in den folgenden Rezepten eventuell benötigte Wasser 20 Minuten lang ab, damit keine zusätzliche Infektionsgefahr besteht. Benutzen Sie für Umschläge sterile Kompressen, Pflaster oder Binden.

Reinigung und Desinfizierung

▶ Bei kleinen Schnitten und Wunden ist eine Reinigung mit Arnika- oder Myrrhentinktur empfehlenswert. Dazu 1/2 Teelöffel Tinktur in 1/2 Tasse zuvor abgekochtes Wasser geben.

▶ Je 1 Tropfen Niaouli-, Eukalyptus- und Oreganoöl sowie 3 Tropfen Lavendelöl eignen sich besonders zum Reinigen und Desinfizieren infizierter Wunden.

▶ Zur Desinfizierung und Blutstillung bei Wunden und Verletzungen: Zitronensaft rein oder mit abgekochtem Wasser verdünnt vorsichtig aufträufeln.

Besonders bei zu häufiger und hoch dosierter Verwendung kann Arnika zu Kontaktallergien führen. Verwenden Sie diese wirksame Pflanze daher mit Bedacht und in sparsamer Dosierung. Als Alternative kann die gleichfalls gut wundheilende, sehr gut verträgliche Ringelblume angewendet werden.

Umschläge

▶ Mit Arnika

Anwendung: 1/2 Esslöffel Arnikatinktur in 1/4 Liter zuvor abgekochtes Wasser geben. Sonst kann man auch den Blütentee für Umschläge verwenden: 1 Esslöffel Blüten mit 1/4 Liter kochendem Wasser übergießen und 10 Minuten lang ziehen lassen.

▶ Mit Ringelblume

Anwendung: 3 Teelöffel Ringelblumenblüten mit 1/4 Liter kochendem Wasser übergießen und 10 Minuten lang ziehen lassen.

▶ Mit Sonnenhut

Bei sehr schlecht heilenden Wunden, die kaum auf andere Heilmittel ansprechen, hilft oft Sonnenhutextrakt oder verdünnte Sonnenhuttinktur, das Wundheilmittel der nordamerikanischen Indianer.

Anwendung: 1/2 Esslöffel Tinktur in 1/4 Liter abgekochtem Wasser lösen und für Umschläge verwenden.

Das hilft bei Verbrennungen

▶ Bei leichteren Verbrennungen helfen Kompressen mit einigen Tropfen Lavendelöl, mit etwas abgekochtem Wasser oder mit Johanniskrautöl verdünnt.

▶ 1 Tropfen Myrtenheidenessenz mit 20 Tropfen Johanniskrautöl mischen. Hilft als Auflage bei Verbrennungen, Wunden und Geschwüren.

▶ Bei kleineren Verbrennungen helfen mit Johanniskrautöl getränkte Kompressen und Auflagen.

▶ Je 6 Tropfen Oregano- und Geranienöl sowie 8 Tropfen Lavendelöl mischen. Davon alle 3 Stunden etwas auf eine sterile Kompresse geben und bei Verbrennungen und Wunden auf die verletzte Haut legen.

Heilsalben

▶ Ringelblumenbutter

Anwendung: 100 Gramm frische oder 50 Gramm getrocknete Blüten in 500 Gramm zerlassene Ziegenbutter (normale Butter ist zwar nicht so gut, geht aber auch) geben und bei geringer Wärme 1/2 Stunde lang rühren, bis das Fett goldgelb ist. Die Wirkstoffe werden vom Fett aufgenommen. Anschließend durch ein Sieb abfiltern, die Butter in kleinen gebrauchsfertigen Stücken einfrieren und im Eisschrank bis zur Verwendung lagern.

▶ Wundheilöl

Anwendung: Je 8 Tropfen der ätherischen Öle von Kamille, Lavendel und Geranie in 100 Milliliter Johanniskrautöl mischen und auftragen.

Auflagen

▶ Mit Myrrhe

Anwendung: 20 Tropfen Myrrhetinktur in 1/2 Glas abgekochtes Wasser geben. Eine Kompresse damit tränken und auf die Wunde legen.

▶ Mit Lavendel

Anwendung: 10 Tropfen Lavendelöl in etwas 70-prozentigem Alkohol auflösen, eine Kompresse damit tränken und auf die Wunde legen

▶ Mit Ysop, Geranie und Lavendel

Anwendung: Je 3 Tropfen der ätherischen Öle von Ysop, Geranie und Lavendel in etwas 70-prozentigen Alkohol geben und eine Kompresse damit tränken.

▶ Mit Hamamelis

Anwendung: 1 bis 2 Esslöffel Rinde und Blätter mit 1/4 Liter zuvor abgekochtem Wasser noch 10 Minuten lang bei geringer Hitze kochen und mit dem lauwarmen Sud getränkte Kompressen auflegen.

Die feine Haut, die jede Zwiebelschicht von der anderen trennt, ist ein ausgezeichneter antiseptischer Verband. Lösen Sie vorsichtig ein Stück in passender Größe von einer Zwiebelschicht ab, auf die Wunde legen, mit Gaze abdecken und verbinden.

Zahnfleischentzündung

Die Ursachen können mechanischer oder bakterieller Natur sein – beispielsweise schlecht sitzende Zahnprothesen, zu heiße Speisen oder Bakterien im Zahnbelag. Ist Zahnstein die Ursache, muss dieser vom Zahnarzt entfernt werden. Die Symptome sind Rötung und

Schwellung des Zahnfleischrands sowie Schmerzen. Eine unbehandelte Zahnfleischentzündung kann zur Entzündung der Wurzelhaut des Zahns führen. Die Spalten zwischen Zahnfleisch und Zähnen werden breiter, so dass sich dort mit Schmutz und Eiter gefüllte Taschen ausbilden können. Der Zahnfleischrand weicht zurück, gibt den Zahnhals frei, und die Zähne können sich schließlich lockern. Hier steht in jedem Fall ein Zahnarztbesuch an.

Spülungen
▶ Mit Salbei

Anwendung: 1 Hand voll Salbeiblätter in 1 Liter Wasser geben und 10 Minuten lang kochen lassen. Mehrmals täglich damit spülen.

▶ Mit Gewürznelken

Anwendung: 1 bis 2 Teelöffel Gewürznelken mit 1/4 Liter Wasser zum Kochen bringen und dann 5 Minuten lang ziehen lassen. Abseihen und lauwarm den Mund damit spülen.

▶ Mit Blutwurz und Myrrhe

Anwendung: Blutwurz- und Myrrhetinktur zu gleichen Teilen mischen und 15 Tropfen davon in 1 Glas Wasser geben. Mehrmals täglich damit spülen. Auch Myrrhetinktur allein ist geeignet.

Zahnschmerzen

Die meisten Zahnschmerzen sind kariesbedingt. Es tut weh beim Verzehr kalter, heißer oder zuckerreicher Speisen, zuweilen schon bei bloßen Luftbewegungen. Ein Zahnarztbesuch steht an.

Schmerzlindernde Tropfen
▶ 1 bis 2 Tropfen Gewürznelkenessenz auf den kariösen Zahn geben.
▶ 1 Tropfen Cajeputöl lindert die Schmerzen.

Spülung
Bei Zahnfleischblutungen nützen Spülungen mit verdünnter Zimtessenz. Geben Sie dazu 3 Tropfen in ein wenig warmes Wasser und spülen damit mehrmals täglich den Mund.

Beim schmerzhaften Zahnen von Kindern hilft oft Kamillenöl. Geben Sie 1 Tropfen davon auf den Finger, und massieren Sie sanft das Zahnfleisch an den Stellen, wo die kleinen Zähnchen allmählich durchbrechen.

Über den Autor

Wolfgang Möhring ist ausgebildeter Naturheilpraktiker mit eigener Praxis. Durch seine langjährige Beschäftigung mit Naturheilkunde, chinesischer Medizin und Antistresstherapien wurde ihm die vorbeugende Gesundheitsberatung zu einem besonderen Anliegen.

Literatur

Braun, Hans: Heilpflanzenlexikon für Ärzte und Apotheker.
Gustav Fischer Verlag. Stuttgart 1994

Messegue, Maurice: Das Messegue Heilkräuterlexikon.
Bertelsmann. Gütersloh 1986

Möhring, Wolfgang: Das große Buch der Heiltees.
Südwest Verlag. München 1997

Pahlow, M.: Das große Buch der Heilpflanzen.
Gräfe und Unzer Verlag. München 1996

Reuter, Hans D.: Therapie mit Phytopharmaka.
Gustav Fischer Verlag. Stuttgart 1997

Schnaubelt, Kurt (Hrsg.): Ganzheitliche Aromatherapie.
Gustav Fischer Verlag. Stuttgart 1997

Tisserand, Robert D.: Aromatherapie.
Hermann Bauer Verlag. Freiburg 1985

Valnet, Jean: Aromatherapie. Maloine. Paris 1986.

Weiß, Rudolf F.: Lehrbuch der Phytotherapie.
Hippokrates-Verlag. Stuttgart 1991

Wilfort, Richard: Gesundheit durch Heilkräuter.
Rudolf Trauner Verlag. Linz 1978

Zimmermann, Walter: Praktische Phytotherapie.
Sonntag Verlag. Stuttgart 1994

Hinweis

Das vorliegende Buch ist sorgfältig erarbeitet worden. Dennoch erfolgen alle Angaben ohne Gewähr. Weder Autor noch Verlag können für eventuelle Nachteile oder Schäden, die aus den im Buch gemachten praktischen Hinweisen resultieren, eine Haftung übernehmen.

Bildnachweis

Botanik-Bildarchiv Laux, Biberach an der Riß: 10, 30; Das Fotoarchiv, Essen: 6 (J. Sackermann); Image Bank, München: U4 (E. Lewin), 90 (N. Brown); Laif, Köln: 19 (G. Huber), 38 (A. Krinitz); Nagy Michael, München: Titel/Fond, Einklinker; Südwest Verlag, München: 1 (C. Kargl), 5 (A. Schliack), 16, 48 (K. Newedel), 24 (M. Nagy), 28, 67 (jump / K. Vey), 54 (M. Tunger), 75 (C. Rehm); Transglobe Agency, Hamburg: 42 (W. Winter); Wildlife, Hamburg: 33 (D. Heuer)

Impressum

© 1999 W. Ludwig Buchverlag GmbH in der Verlagshaus Goethestraße GmbH & Co. KG, München

Alle Rechte vorbehalten. Nachdruck – auch auszugsweise – nur mit Genehmigung des Verlags.

Redaktion:
Dr. Marion Onodi,
Barbara Bredl

Projektleitung:
Nicola von Otto

Redaktionsleitung und medizinische Fachberatung:
Dr. med. Christiane Lentz

Bildredaktion:
Gabriele Feld

Produktion:
Manfred Metzger

Umschlag:
Till Eiden

Layout:
Wolfgang Lehner

DTP/Satz:
Mihriye Yücel

Druck:
Weber Offset, München

Bindung:
R. Oldenbourg, München

Printed in Germany
Gedruckt auf chlor- und säurearmem Papier

ISBN 3-7787-3739-2

Register

Abkochung (Dekokt)
Abszess **48f.**
Abwehrschwäche **50f.**, 67, 87
Akne 39, **52f.**
Allergien 8, 13ff., 34, 92
Angina 32, **53ff.**
Anis 13f., 22, 29, 44
Antibiotika
– chemische 4, 6ff., 10, 15
– pflanzliche, allgemein 5, 10ff., **22f.**, 48ff.
Aphthen 39, **55**
Arnika 14, 44, 49, 92
Aromatherapie 17, **29**, 62, 74, 83
Auflagen 49, 62, 74, 81, 93
Auszüge, wässrige 13, 21

Bäder 12f., **28**, 32, 72
Bakterien 5ff., 11f., 21, 36, 50
Bärentraube 11, 47, **57f.**
Bärlauch 23, 44
Bergamotte 14, 22, 60
Bindehautentzündung **56**
Bitterstoffe 10, 32, **39f.**
Blasenentzündung 11, **57f.**
Blutwurz 11, 47, 55, 65, 83, 94
Bohnenkraut 11, 21f., 27, **30f.**, 44
Bronchitis 27, 32, 37, 41, 43, 51, **58ff.**

Cajeput 13, 20ff., 27, 60, 62, 84, 94

Durchfall 11, 14, 31, 34f., 40, **63ff.**

Efeu 14, 47
Eichenrinde 11, 47, 76
Einreibungen 14, 17, **26f.**, 32, 39, 60, 72, 75, 77, 81f., 84, 87
Entzündungen 5, 9
– im Mund- und Rachenraum 11, 15, 30, 35, 39, **82f.**
Erkältungen 15, 17, 32, 41, 50f., **67ff.**
Eukalyptus 13, 17, 20f., **31f.**, 44, 59f., 62, 64, 84

Fenchel 13f., 20ff., 29, 44
Fieber 32, 43, 54, 68f., **70f.**, 73
Flavonoide 10, 32, 39, 43
Fußpilz **71f.**

Gastritis 35, **72f.**

Gerbstoffe 10f., 25, 30, 32, 39f.
Gerstenkorn **73**
Gesichtsdampfbad **27**, 53
Gewürze **18f.**, 29ff.
Gewürznelke 17, 20, 22, 27, 29, **33f.**, 44, 65, 83, 94
Glykoside 10f., 36
Grippe 36, 50f., **74**
Gurgelwasser 55, 79
Gürtelrose **75**

Hämorrhoidalleiden **77f.**
Hautentzündungen 11, 35, 39, **76f.**
Heilpflanzen allgemein 4f., 10ff., **44ff.**
Heiserkeit **78ff.**
Herpes simplex, Herpes labialis **80**

Immunsystem 5, 8f., 17, 22, 50f., 68
Infektionen 5, 8f., 12
Inhalationen 12ff., 17, **27**, 32, 35, 39, 59f., 79, 84, 89
Insektenstiche 30, 39, **81**

Johanniskraut 14, 75
Juckreiz **81f.**

Kaltauszug (Mazerat) 26
Kamille 14, 21f., 27, **34f.**, 44, 49, 55, 65, 73f., 76, 84, 89
Kapuzinerkresse 11, 23, 44, 70
Knoblauch 5, 19f., 23, 29, **35ff.**, 45, 51, 58, 60, 62, 72, 87
Kümmel 20ff., 29, 45

Lavendel 14, 17, 20ff., **38f.**, 45, 59f., 62, 64, 72, 84, 87

Majoran 19, 21f., 45
Meerrettich 11, 23, 45, 62
Mineralien 4, 8, 42f.
Minze 14, 27
Mundschleimhautentzündung **82f.**
Myrte 20ff.

Nebenhöhlenentzündung 27, 35, **83ff.**
Niaouli 13, 21f., 60

Ohrenentzündung, Ohrenschmerzen **85f.**
Öle, ätherische 5, 10ff., **16ff.**, 24ff., 60, 62, 64, 66, 72, 84, 86, 89

Oregano 20ff., 27, 29, 45, 62, 64

Pfefferminze 11, 13, 17, 21f., 45, 50, 84
Pilze 8f., 11, 21, 36, 50, **86f.**

Resistenzen, Entstehung von 6ff.
Rheumatische Erkrankungen 12, 32, 43, 51
Ringelblume 14, 45, 72, 77, 92
Rosmarin 13, 20, 22, 27, 45, 60, 62

Salbei 11, 13, 22, 27, 29, **39f.**, 45, 55, 64, 83, 94
Saponine 10, 40
Schafgarbe 14, 21, 46, 53, 76
Scheidenentzündung, Scheidenpilz **87f.**
Schnupfen 27, 35, 51, 88f.
Sirup 61f.
Sonnenhut 5, 14, 47, 50, 72, 92
Spülungen 14, 55f., 82ff., 88, 94

Teebaum 21, 64, 75, 87
Tees 12, 14, 17, 21, 25, 32, 41, 50ff., 56ff., 60f., 65, 68f., 73, 78f., 84f., **88ff.**
Thymian 11, 13, 19ff., 27, **40f.**, 46, 49ff., 53, 59, 62, 64, 89
Tinkturen 49, 51ff., 66, 80
Tropfen 52f., 55, 58, 66, 68, 85f., 88f., 91

Umschläge 12ff., 17, 28f., 41, 49, 76ff., 80f., 87, 91f.

Venenentzündung **90f.**
Viren 8f., 11, 21f., 36, 50
Vitamine 4, 8, 36, 42f., 58, 68, 79

Wermut 14, 50
Wickel 54, 59, 62f., 70f., 80, 85
Wunden 30, 32, 35, 41, **91ff.**

Ysop 13, 22, 46, 62

Zahnfleischentzündung **93f.**
Zahnschmerzen 17, **94**
Zimt 13f., 17, 20ff., 29, 45, 64
Zitrone **42f.**, 46, 55, 69, 72
Zitrusöle 13f., 16f., 22
Zwiebel 19f., 23, 29, **43**, 45, 49, 61, 63, 65, 85